D1987411

Jörg-Peter Schröder

Der Omega-Faulpelz

Gewidmet
den Menschen, die mehr aus ihrem Leben machen
als das, was man von ihnen erwartet,
den feinfühligen Seelen, die ihrem inneren Selbst lauschen,
mutig Grenzen überschreiten und sich selbst folgen,
den kreativ-intuitiven Omega-Faulpelzen, die leicht
und anstrengungsfrei weniger tun und im Netzwerk
mit anderen erfolgreich sind.

Hinweise:
Die Namen beteiligter Personen sind verändert beziehungsweise frei erfunden. Eine Übereinstimmung mit lebenden Personen wäre zufällig und ist nicht beabsichtigt.

Aus Gründen der Praktikabilität wird die männliche Variante von Begriffen benutzt – Frauen sollen sich nicht benachteiligt fühlen. Zum Beispiel ist mit dem *Architekten* ebenfalls die *Architektin* gemeint.

Alle Kapitel dieses Buches sind miteinander verwoben und lassen sich sowohl in horizontaler, vertikaler als auch diagonaler Richtung ab-, mit-, vor-, quer- und durchlesen. Ein Seiteneinstieg oder ein lockerer Seitensprung sind durchaus beabsichtigt.

Das vorliegende Buch ist sehr sorgfältig recherchiert und erarbeitet worden. Dennoch erfolgen alle Angaben ohne Gewähr. Weder Autor noch Verlag können für eventuelle Nachteile oder Schäden, die aus den im Buch gemachten praktischen Hinweisen oder Übungen resultieren, eine Haftung übernehmen.

Jörg-Peter Schröder

Der Omega-Faulpelz

Die Weniger-ist-mehr-Erfolgsstrategie

GABAL

Bibliografische Information der Deutschen Bibliothek

Die Deutsche Bibliothek verzeichnet diese Publikation in der Deutschen Nationalbibliografie; detaillierte bibliografische Angaben sind im Internet über http://dnb.ddb.de abrufbar.

ISBN 10: 3-89749-682-3
ISBN 13: 978-3-89749-6

Lektorat: Susanne von Ahn, Hasloh
Umschlaggestaltung: +malsy Kommunikation und Gestaltung, Willich
Umschlagfoto: Corbis, Düsseldorf
Satz und Layout: Lohse Design, Büttelborn
Druck und Bindung: Salzland Druck, Staßfurt

© 2006 GABAL Verlag GmbH, Offenbach

Alle Rechte vorbehalten. Vervielfältigung, auch auszugsweise, nur mit schriftlicher Genehmigung des Verlages.

www.gabal-verlag.de
www.gabal-shop.de
www.gabal-ist-ueberall.de

Inhalt

Achtung!

Sie erreichen das Ende eingefahrener Wege.
Das Weiterlesen erfolgt auf eigenen Spaß
und eigene Leichtigkeit.
Das Lesen dieses Buches fördert Ihr

Erfolgreich-Sein.

Fragen Sie keinen Arzt oder Apotheker,
denn nur Sie kennen die Antwort
auf gestellte Fragen.
Als erwünschte Nebenwirkungen kann es
zu beschwingter Lebensfrische,
kreativem Querdenken,
authentischer Weiterentwicklung
und Glücksgefühlen kommen.

Vorwort

*„Es ist leicht, das Leben schwer zu nehmen.
Aber schwer, es leicht zu nehmen."*

NOSSRAT PESESCHKIAN
(DEUTSCHER PSYCHOANALYTIKER
IRANISCHER HERKUNFT)

Beim Surfen durch die unendliche Weite des Internets las ich in einer Job-Börse folgendes fett gedruckte Statement: *„Erfolg ist harte Arbeit – erfolgreiche Menschen wissen das."* Und dann folgten ein paar Zitate: *„Erfolg hat nur, wer etwas tut, während er auf den Erfolg wartet"*, soll Thomas Alva Edison einmal gesagt haben. *„Glück musst du dir verdienen"* stammt von Franz Beckenbauer. Das alles klingt nach Anstrengung und viel Mühe. Meine Mitarbeiter und ich wollten es genauer wissen und haben nachgefragt.

Was macht Erfolg aus?

In einer nicht repräsentativen, dafür aber ganz spontanen Blitz-Umfrage bei 178 Führungskräften auf einer mitteldeutschen Personalmesse erhielten wir auf die Frage, wovon Erfolg abhänge, folgende Antworten:

- von harter Arbeit,
- von der Erreichung von Zielen,
- von Fleiß und Können,
- von Wissen und Erfahrung,
- von Disziplin und starkem Willen,
- von Persönlichkeit,
- von Beziehungen und Netzwerken,
- von Informationen, Zahlen, Daten und Fakten,
- von der Motivation und dem Wollen,

- von Ausdauer und Biss,
- von der Anerkennung für das, was man gemacht hat.

Es ergab sich fast dasselbe Bild wie im obigen Online-Karriere-Journal. Für die meisten Menschen besteht das Leben offenbar aus harter Arbeit. Und dann kommt lange nichts. Stets getrieben von vorgegebenen Zielen verzetteln sich viele in der Menge möglicher Optionen und springen mit heraushängender Zunge über die auferlegten Hürden des Managementalltags: Besprechungen, Telefonkonferenzen, Präsentationen, E-Mails und Permanentverfügbarkeit rund um die Uhr. Geschafft, heißt es, wenn wieder ein Termin – und so auch ein Stückchen Lebenszeit – abgehakt wurde. Und der Druck steigt täglich und durch die Ritzen kriecht die Angst ... Aber: Führt mehr Arbeit zu mehr Erfolg?

Gibt es Alternativen zum Hamsterkäfig? Eindeutig ja. Für Arbeit und Erfolg werden in den Märkten von morgen ganz andere Spielregeln gelten. Soft Skills wie Kreativität und emotionale Intelligenz werden immer wichtiger. Entgegen der verbreiteten Vorstellung, Erfolg sei nur durch harte Arbeit zu erreichen, möchte ich Ihnen zeigen, dass es alternative Wege zum Erfolgreich-Sein gibt, die anstrengungsfrei und leicht zu gehen sind und zudem noch Spaß machen.

Ein neuer Typ

Bei unseren Studien haben wir eine neue Spezies entdeckt – den kreativ-intuitiven *Omega-Faulpelz*, so benannt als Gegenfigur zum klassischen dominanten *Alpha-Typen* im Management. Der Omega-Typ denkt weniger linear, vielmehr in Netzstrukturen. Er hat ein ausgeprägtes Wir-Gefühl, sucht den Erfolg nicht gegen andere, sondern gemeinsam mit ihnen – jenseits von Hierarchien. *„Adieu Karriere – bonjour Erfolg"* ist sein anstrengungsfreies Lebensmotto.

Dieses Buch ist ein praxisorientiertes Wertpapier für alle, die vom Omega-Faulpelz lernen wollen, dass *weniger* oft *mehr* ist. Es geht nicht um die Menge, sondern um die Effektivität dessen, was wir tun. *Weniger* ist *mehr* Erfolg, Spaß, Leichtigkeit und Lebensqualität. Auf Basis von weniger Tun werden wir den Grundstein für *mehr* Erfolgreich-Sein legen. Wir werden aufräumen mit überkommenen Mythen vom Erfolg und gesellschaftliche Erwartungen hinterfragen. *Erfolgreich sein* ist etwas anderes als *Erfolg haben.* Erfolgreich ist, wer etwas leistet, indem er sich selbst folgt, authentisch ist, das tut, was ihm entspricht – und andere dabei einbezieht. Das ist vor allem eine Frage der Einstellung, der Art und Weise, wie man mit Menschen und mit Dingen umgeht.

Es geht um persönliche Lebensentwicklung und berufliches Empowerment jenseits des Alltagsstrudels und der Versklavung durch fremdbestimmte Lebensmuster und Karriereerwartungen. Dieses Buch soll dem Einzelnen helfen, aktiv in sein Umfeld einzugreifen, das Leben verantwortlich zu gestalten und es mit spielerischer Leichtigkeit, Spaß und unternehmerischer Initiative zum persönlichen Erfolg zu bringen. Hierzu haben Ihnen die Omega-Faulpelze sieben Meilensteine als markante Entwicklungsschritte mit auf den Weg gegeben, die einfach und leicht zu gehen sind. Bei allen Herausforderungen geht es mehr um Reflexion als um Rezepte.

Ich wünsche Ihnen, dass Sie Ihren ganz persönlichen Weg zum Erfolgreich-Sein finden, mit absichtsloser Achtsamkeit in der Jetztzeit präsent sind und mit Leichtigkeit ganz einfach sich selbst folgen und mit Spaß leben. Stellen Sie Ihre Uhren um auf Omega-Neuzeit und leben Sie los!

Dr. Jörg-Peter Schröder
Budenheim, Oktober 2006

Das *Tagebuch der Erfolgsgeheimnisse*

Erfolgreich-Sein ist ein Prozess. Für Ihr eigenes Erfolgs-Erlebnis ist es prima, wenn Sie Ihre Erfolge aufschreiben, sodass Sie den roten Faden Ihrer ganz persönlichen Erfolgs-Story entdecken können. Das macht Spaß und gibt einen Schub Motivation. Schreiben ist ein guter Veränderungs- und Weiterentwicklungs-Indikator, mit dem Sie sich neu entdecken und verstehen lernen. Kaufen Sie sich ein schönes Notizbuch und schreiben Sie jeden Tag hinein, was Ihnen zum Thema Erfolgreich-Sein in den Sinn kommt. Es sollte ein Jubel- und kein Jammer-Buch werden. Ihr *Tagebuch der Erfolgsgeheimnisse* ist ein Grund zum Feiern jener kleinen Veränderungsschritte, die Sie täglich machen. Sie können mit sich selbst in einen aktiven Dialog treten, indem Sie Ihrer inneren Stimme Gehör verleihen und das, was Sie wahrgenommen haben über die Leichtigkeit des Seins oder den Frust mit dem Leben, aufschreiben. Dabei geht es weniger um stilistisch oder grammatikalisch korrekte Sätze, sondern einfach um die Wiedergabe dessen, was Ihnen spontan einfällt, wenn Sie sich mit Ihrem persönlichen Erfolgreich-Sein beschäftigen. Zücken Sie Ihr *Tagebuch der Erfolgsgeheimnisse* und nehmen Sie sich täglich 20 bis 45 Minuten Zeit – nur für sich allein. Überlegen Sie, welche Tageszeit dafür sinnvoll ist. Es wäre schön, wenn Sie dann schreiben, wenn Sie noch voller Energie sind und nicht erst nach einem anstrengenden, arbeitsreichen Tag. Nutzen Sie das Schreiben als einen Prozess kreativer Inspiration auf dem Weg zum grenzenlosen und anstrengungsfreien Erfolg. Aller Anfang ist leicht. Der Erfolg beginnt unter Ihren Füßen. Sie müssen nur den ersten Schritt dazu machen. Tun Sie es. Fangen Sie an. Heute. Jetzt!

Teil 1:

Mythos Erfolg

Eine neue Spezies: der kreativ-intuitive Omega-Faulpelz

„Der Fleiß ist die Wurzel aller Hässlichkeit."

Oscar Wilde,
englischer Erzähler irischer Herkunft

Die zwei Seiten des Erfolges

Eine Frau sagte in einem Seminar: „Erfolg ist, wenn ich etwas tue und andere das dann gut finden." Erfolg hat zwei Seiten: die individuelle Leistung und die gesellschaftliche Anerkennung. Die Vorstellung von Erfolg in unserer Gesellschaft ist häufig: Je mehr du arbeitest und dich anstrengst, desto mehr wirst du erreichen. Solche Wenn-dann-Verknüpfungen lauten beispielsweise:

- Wenn du Überstunden machst, wirst du befördert.
- Wenn du die Zähne zusammenbeißt, dann wirst du es schaffen.
- Wenn du viel Wissen erwirbst, dann wirst du irgendwann eine Führungsposition erklimmen.

Und wie viele strengen sich an, machen Überstunden, beißen die Zähne zusammen, erwerben Wissen, aber Erfolg stellt sich nicht ein! Unzählige Organisationen verdienen an diesem Mythos: Schulen, Universitäten, Fortbildungsinstitute, Seminaranbieter, Volkshochschulen ... Sogar die tot geglaubten Tanzschulen werben für ihre Benimm-Kurse damit, dass etwa Banken großen Wert auf gute Manieren legen.

Doch die Ursache-Wirkungs-Regel vom Erfolgsweg durch Anstrengung wackelt, wie uns einige Beispiele deutlich machen:

- Spätestens seit dem Medienrummel um „Deutschland sucht den Superstar" wissen wir, dass eine gute Stimme noch keinen Hit macht. Es gibt genug Pop-Gruppen, die musikalisch eher Mittelmäßiges bieten, aber hervorragend vermarktet werden, vielleicht, weil sie zur richtigen Zeit am richtigen Ort den richtigen Menschen kennen gelernt haben, der sie gefördert hat.
- Der Vorstandsvorsitzende eines Konzerns entlässt tausende von Mitarbeitern, generiert (s)einen Erfolg durch steigende Aktienkurse und lässt sich sein Gehalt vervielfachen.
- Jemand kauft zufällig die richtigen Aktien und hat das Glück, dass sie steigen.
- Ein Mensch erbt viel Geld oder gewinnt im Lotto.

Natürlich könnten wir über Ethik, Normen, Moral und Dreistigkeit trefflich streiten. Manchmal scheint es nicht fair zuzugehen im Leben. Doch eins ist sicher: Diese Menschen sind schnell und leicht zu Geld und Ansehen gekommen. Nicht immer ist Erfolg offenbar eine Folge dessen, was mit eisernem Fleiß und harter Arbeit getan wurde. Aber sind diese Menschen wirklich erfolgreich?

Alpha- und Omega-Zeit

Unsere westliche Gesellschaft legt mit ihren Aus-, Fort- und Weiterbildungsidealen den Fokus auf linear-analytische Fähigkeiten wie Intelligenz, Verstand, Logik, rationales Denken, Wissen, gute Zensuren und Prädikatsexamen. Verknüpft mit unserem Arbeitsethos ergibt sich daraus die oben skizzierte Wenn-dann-Regel, zumindest die moralische Forderung danach, sich Mühe zu geben, um Erfolg zu verdienen. Nichtlineare Stärken, die für die Führung unserer „Innenwelt" – unseres „inneren Unternehmens" – bedeutend sind, etwa Intuition und Einfühlungsvermögen, werden (noch) nicht für wichtig erachtet, da sie sich quantitativ nicht messen lassen. Ich spreche hier vom *Alpha-Zeitalter,* das stark vom Konkurrenzdenken geprägt ist. In vielen Unternehmen heißt die Devise: „Do more with less“ – schaffe ständig mehr, indem du wenige Mittel effizienter einsetzt, etwa das Optimum aus deiner Arbeitszeit herausholst. Doch die Zeiten wandeln sich. Ganz langsam scheint es eine neue Qualität zu geben, die jenseits von hektischer Betriebsamkeit und Effizienzdenken Raum gewinnt – das *Omega-Zeitalter* fängt an und wird die angestrengte Alpha-Zeit ablösen. Im beginnenden Omega-Zeitalter tragen die Soft Skills Intuition, emotionale Intelligenz, Musikalität, Spiritualität, Kreativität und persönliche Tiefenerfahrung enorm zur eigenen Wertschöpfung und zum Erfolgreich-Sein bei.

Wer dann erfolgreich sein will, muss ganz anders agieren als der emsige Arbeiter, der bislang das Leitbild in unserer Gesellschaft abgibt. Und genau hier liegen die Stärken eines genauso genialen wie sympathischen Typus: des *Omega-Faulpelzes.* Er verbindet kreative Intelligenz mit müheloser Intuition und verknüpft Hard Facts mit Soft Skills zu einer brillanten Entscheidungsfindung. Er denkt ganzheitlich und erkennt so Gesamtbilder, um aus ihnen werteorientiert Lösungen abzuleiten. Dabei erfindet er sich immer wieder neu. Er arbeitet nach dem Motto: „Do less with more success!“

ARP: Autorität, Verantwortung, Durchsetzungsstärke

Betrachten wir einmal die Typen ein wenig näher, die in unserer Arbeitsgesellschaft auftreten – selbstverständlich etwas stilisiert. Bei unseren Coaching- und Change-Projekten arbeiten wir unter anderem mit dem Instrument *ARP* (Authority, Responsability, Power), welches die Kriterien personale Autorität und Verantwortung auf Basis einer Selbsteinschätzung misst. Die unternehmerische Gestaltungs- und Einflussfähigkeit im Sinne von Power kommt hinzu. Als valides und reliables Instrument wird der ARP mittlerweile sehr erfolgreich in vielen Unternehmen und Organisationen eingesetzt. (Mehr über Persönlichkeitsmodelle erfahren Sie im Meilenstein 2, vgl. S. 68–76)

Idealtypisch finden sich unter ARP-Aspekten folgende Persönlichkeitstypen:

- **Alpha-Typ:** Der angestrengte Workaholic vom Typ „Hamsterrad-Manager“ verkörpert die alte Welt der Konkurrenz-Menschen, die linear-sequenziell Dinge abarbeiten. Meist mit autoritären Zügen versehen, setzt er Dinge durch, handelt dabei jedoch wenig verantwortlich.
- **Beta-Typ:** Der dienende Beta-Worker wartet auf Anweisungen seines Chefs und setzt diese gewissenhaft um. Er besitzt ein großes Verantwortungsgefühl bei geringer personaler Autorität.
- **Delta-Typ:** Der destruktive Störer vom Typ „fauler Sack“ ist allem gegenüber negativ eingestellt, sieht überall Probleme, hat weder personale Autorität noch handelt er verantwortlich, ist meist frustriert, zynisch und erfolglos.
- **Omega-Typ:** Der selbstbestimmte eigenverantwortliche Lebenskünstler (Omega-Faulpelz) repräsentiert die integrierte Form des anstrengungsfreien Erfolges. Er entscheidet wertegeleitet, hat eine hohe personale Autorität und unternehmerische Gestaltungsfähigkeit.

Persönlichkeitstypen in Sachen Arbeit

Thema	Hamsterrad-Workaholic (Alpha-Typ)	Beta-Worker (Beta-Typ)	Destruktiver Störer (Delta-Typ)	Kreativ-intuitiver Faulpelz (Omega-Typ)
Zeiteinstellung	Alpha-Zeit: Schneller! Zeiteffizienz ist das Motto, macht Überstunden, „Zeit ist Geld!“	Organisiert, pflichtbewusst, effizient	Lange Pausen, ganz in Ruhe, „Wann ist endlich Feierabend?“	Omega-Zeitqualität anstatt -quantität, klare Priorisierung nach Wichtigkeit, langsamer gehen, um schneller anzukommen
Einstellung zum Leben	Das Leben ist schwierig.	Man muss sich in sein Schicksal fügen.	Null Bock auf gar nichts!	Das Leben ist ein Geschenk.

Thema	Hamsterrad-Workaholic (Alpha-Typ)	Beta-Worker (Beta-Typ)	Destruktiver Störer (Delta-Typ)	Kreativ-intuitiver Faulpelz (Omega-Typ)
Personale Autorität und Verantwortung	Hohe personale Autorität, geringe Verantwortung	Hohe Verantwortung, geringe personale Autorität	Geringe personale Autorität und Verantwortung	Hohe personale Autorität und Verantwortung
Veränderung	Hält am Erreichten und am Status fest	Will keine Veränderung, schwärmt von alten Zeiten	Findet alles schlecht, Bedenkenträger, sieht überall Probleme	Offen für Neues, ist Change-Agent zwischen Stabilität und Instabilität
Arbeitsmotto	Do more with less.	Ich arbeite, um zu leben.	Täuschen, Tarnen und Verpissen!	Weniger ist mehr – do less with more success.
Entwicklungsstufe	Linear-sequenzielle Form der Arbeit	Traum vom sicheren Arbeitsplatz	Abgestürzt	Prozessmusterwechsel zur proaktiven Gestaltungsfähigkeit
Antrieb	Ehrgeiz, Karriere, Macht	Pflichtbewusst, verantwortungsvoll und eingeschüchtert durch hohe Arbeitslosigkeit	Externer Druck	Mut und spielerische Neugier, hohe intrinsische Motivation
Führungsstil	Autoritärer Führungsstil	Wird meist durch Zielvereinbarungen (MbO) geführt	Nicht durch Ziele oder Anweisungen zu führen	Transformational Leadership – Führen durch Gestalten
Fähigkeit zu delegieren	Macht fast alles selbst oder befiehlt autoritär	Arbeitet das ab, was ihm aufgetragen wird	Lässt viel liegen, sodass andere die Arbeit mit übernehmen müssen	Delegiert nach Priorität und Kernkompetenz
Arbeitsaufwand	Mutet sich zu viel zu, hat immer das Gefühl, dass er nichts geschafft hat – Modell: Wertschröpfung	Was auf den Tisch kommt, wird abgearbeitet	Macht nur gerade so viel, wie er unbedingt muss	Macht genau so viel, wie es nützt – Modell: Wertschöpfung pur

Thema	Hamsterrad-Workaholic (Alpha-Typ)	Beta-Worker (Beta-Typ)	Destruktiver Störer (Delta-Typ)	Kreativ-intuitiver Faulpelz (Omega-Typ)
Umgang mit E-Mails	Ist stets online, E-Mails sind wichtiger als Kommunikation mit Kollegen	Erledigt brav alles, was ihm in die Inbox gespült wird	Schreibt während der Arbeit viele private E-Mails	Beherrscht alle Medien multitasking-fähig nach Priorität und Nutzen
Interessen außerhalb der Arbeit	Keine	Vor allem praktische Dinge	Blüht nach der Arbeit erst richtig auf	Vielseitig interessiert und kosmisch verbunden
Lebens-schwerpunkte	Redet nur über die Arbeit, eigene Karriere ist wichtig	Verantwortungs-bewusstsein gegenüber der Arbeit, ansonsten offen	Arbeit ist kein Lebens-schwerpunkt	Fokussiert sich auf das Wesentliche im Leben

Der Alpha-Typ ist stressgefährdet

Die Psychologie kennt eine Stressverhaltenstypologie. Danach wird der Leistungsehrgeizige als Typ A eingestuft. Er entspricht in etwa dem Alpha-Typus nach ARP. In umfangreichen Untersuchungen über Ursache und Wirkung von Arbeitsbelastungen konnte herausgearbeitet werden, dass es eine signifikante Korrelation gibt zwischen bestimmten Verhaltensmustern und der Wahrscheinlichkeit, an Herz-Kreislauf-Beschwerden zu erkranken. Interessanterweise wurde postuliert, dass Alpha-Typen eine bis zu sechsmal höhere Gefährdung aufweisen, einen Herzinfarkt zu erleiden, als weniger ehrgeizige Menschen. Die Alpha-Tiere sind typische Vertreter der angestrengten „Hamsterrad-Turboschnelldreher-Zappelphilip-Manager“ (abgekürzt HTZM). Sie haben meist die Blutgruppe Alpha-Turbo-XXL positiv und lassen sich folgendermaßen beschreiben:

Charakteristika des Alpha-Typs

- Sie ticken linear-sequenziell und digital (Denkmodell: Entweder-oder).
- Zeit ist Geld für sie – die Zeit wird effizient ausgenutzt, rennt immer schneller.
- Sie zeigen ausgeprägtes Ego-Verhalten, sind Einzelkämpfer.
- Ihre Leistungsbereitschaft ist extrem und geht bis zum Arbeitszwang.
- Sie entscheiden analytisch auf der Basis von Zahlen, Daten und Fakten.
- Sie kommen morgens früh in die Firma, rödeln den ganzen Tag und verlassen das Unternehmen meist sehr spät.
- Sie offenbaren starkes Konkurrenzverhalten in Teams (Win-lose-Einstellung).
- Sie streben nach Macht und Anerkennung.
- Sie erleben Orientierung durch von außen gesetzte Ziele, die sie erfüllen wollen.
- Sie sind rastlos und ungeduldig.
- Sie drehen permanent auf Hochtouren und verbreiten Hektik.
- Bei Besprechungen trommeln sie mit den Fingern und wippen mit den Füßen.
- Sie reagieren bisweilen unangemessen heftig, wenn mal etwas nicht sofort klappt.
- Sie sind schlechte Zuhörer.
- Sie lassen andere nicht ausreden und ergänzen deren Sätze.
- Sie sprechen sehr schnell.
- Sie sind angespannt oder verspannt.
- Sie zeigen ausgeprägtes Chef-Verhalten.
- Sie haben einen starken Wunsch nach Kontrolle.
- Sie arbeiten stets unter Zeitdruck.
- Sie sind genervt, wenn andere unpünktlich sind.
- Sie laden sich oft mehr auf, als sie leisten können.
- Sie finden sich mit bestehenden Verhältnissen ab und machen das Beste draus, schauen dabei nicht über den Tellerrand.

- Sportlich sind sie auf Wettkampf und Auspowern eingestellt – angestrengt schwitzen sie unter den selbst auferlegten Gewichten.
- Sie können nicht einfach nichts tun.

Alpha-Typen gehen oftmals über ihre eigenen Leistungsgrenzen, wobei sie Warnsignale des Körpers nicht wahrnehmen oder unterdrücken. Sie setzen gern die Maske des jungdynamischen Alleskönners auf, der seinen Erfolg durch harte Arbeit erkämpft.

Bei Marktbeobachtungen habe ich vermehrt eine bisher seltene Gattung kennen gelernt: kreative, intuitive Menschen, die nicht schuften, sondern spielerisch mit Leben und Arbeit umgehen, eben Omega-Faulpelze. Eines ist klar: Omega-Faulpelze ticken ganz anders. Sie verhalten sich in Führungspositionen und im Leben völlig anders als Alpha-Tiere. Ihr Wir-Gefühl stärker ausgeprägt ist als bei den Egogetriebenen Alpha-Typen; sie lassen sich auf Netzwerke ein, anstatt in Hierarchien zu arbeiten. Der Omega-Faulpelz hat ein großes Gespür für Menschen, legt seinen Fokus nicht auf analytische Fakten. Dabei arbeitet er effektiver als der Alpha-Typ bei signifikant niedrigerem Herzinfarktrisiko. Denn: In Zeiten rasanten Wandels und steigender Komplexität ist es entscheidend, sich nicht vom Wirbel der Ereignisse mitziehen zu lassen, sondern die Orientierung zu behalten anhand eigener Werte, einer eigenen Vision. Der Faulpelz ist ja nicht einfach nur faul, er gibt seinem Leben eine klare Struktur, indem er gelassen abwartet und die Dinge sich entwickeln lässt. Er behält den Überblick, wenn andere hektisch werden.

Charakteristika des Omega-Faulpelzes

Folgendes Verhalten fällt bei kreativ-intuitiven Omega-Faulpelzen auf:

- Sie denken mehrdimensional (Denkmodell: Sowohl-als-auch).
- Sie setzen auf eine neue Zeitqualität (Kairos = griech.: „günstiger Moment") und vertrauen der Gunst der Stunde. Zur richtigen Zeit am richtigen Ort machen sie das Richtige. Sie gehen langsamer, um schneller anzukommen.
- Sie fühlen sich mit anderen verbunden, suchen Netzwerke, fördern das Wir-Gefühl.
- Sie entscheiden intuitiv nach dem Motto: „Menschen machen Projekte"; – mit hohem Gespür für Menschen inspirieren sie andere zu Höchstleistungen.
- Sie sind hochintelligent und kreativ, zeigen jedoch keine Bereitschaft, sich totzuarbeiten.
- Sie erfassen intuitiv schnell das Wesentliche einer Situation.
- Sie kommen gern spät und gehen dafür früh, weil sie sich nicht vom Wesentlichen abbringen lassen.
- Sie nutzen das Büro als Begegnungsstätte zur Kommunikation, als Abenteuerspielplatz, um Neues auszuprobieren, und als Zukunftswerkstatt für Entwicklungen.
- Sie sind grandiose Mitspieler und motivieren ihr Team zu Höchstleistungen.
- Sie schwimmen durch die Informationsflut wie ein Fisch im Wasser.
- Sie streben nach Ruhe und Ausgeglichenheit.
- Sie gewinnen Orientierung durch die Anbindung an eigene Werte, die Sinnhaftigkeit ihres Tuns ist ihnen wichtig.
- Sie sind achtsam und wach.
- Sie leben kreativ-intuitive Faulheit auf allen Ebenen des Seins.
- Sie gehen effektiv mit ihren Lebensressourcen und ihrer Energie um. Daher bewegen sie sich eher wenig.
- Sie reagieren allergisch auf alle Arten von harter Arbeit und linearem Vorgehen. Stattdessen bewegen sie sich

sicher auf unterschiedlichen Ebenen – immer mit dem Blick für das Wesentliche.
- Sie sind vielseitig interessiert, tun aber nichts, was anstrengend sein könnte.
- Sie sind offen für neue Themen, haben ihre Ziele jedoch klar im Blick.
- Sie sind völlig entspannt und im Flow mit ihrem Sein. „Flow with the flow" ist ihr Motto.
- Sie sind in jedem Moment präsent.
- Sie entspannen gern – der strategische Kurzschlaf ist eine kreative Pause, die sie schöpferisch nutzen.
- Sie arbeiten nicht – vor allem nicht unter Zeitdruck –, sondern lösen kreativ-intuitiv komplexe Probleme.
- Sie sind immer total relaxt und wachsam zugleich.
- Sie laden sich nichts auf, was andere besser tun könnten.
- Sind Könner des aktiven Nichts-Tuns.
- Sie geben sich nicht mit dem Bestehenden zufrieden, sondern ändern kreativ die Spielregeln und erfinden sich und Situationen immer wieder neu.
- Sie sind Meister im Loslassen. Sie meditieren viel, um neue Bewusstseinsräume zu betreten.
- Sie nehmen nichts zu ernst – vor allem nicht sich selbst.

Omega-Faulpelze sind eher rund als asketisch mager und rundum sympathisch, stets gut gelaunt, glücklich, erfolgreich und sie stecken andere mit ihrer enthusiastisch-kreativen Art an. Man sieht sie selten in der ersten Reihe. Meist ziehen sie von hinten die Fäden oder haben den Überblick. Omega-Faulpelze überschreiten ihre eigenen Leistungsgrenzen nicht, da sie Arbeit und jegliche Anstrengung nicht nötig haben. Sehr wohl aber genießen sie es intensiv, wenn sie wieder einmal erfolgreich nichts getan, aber alles erreicht haben. Omega-Faulpelze tragen keine Masken, sie sind authentisch faul und kreativ. Sie fühlen sich getragen vom Leben und surfen auf der Erfolgswelle des Seins.

Die Arbeitshaltung des Faulpelzes

Der Omega-Faulpelz ist extrem effektiv. Mit der Weisheit eines Uhus schaut er aus guter Distanz auf die Gesamtsituation, erfasst intuitiv die nötigen Maßnahmen und leitet andere motivierend zur Umsetzung an. Er selbst koordiniert und kreist wie ein Adler moderierend über den Abläufen, begibt sich aber nicht auf die Ebene der operativen Arbeit. So hat er Zeit für den Erfolg und nutzt die Gunst der Stunde als Aufwind für seine persönliche Weiterentwicklung. Omega-Faulpelze sind angetrieben von Mut und spielerischer Neugier. Ich kenne einige, die viel Erfahrung in großen Unternehmen gesammelt und diese aus guten Gründen verlassen haben. Oft sind sie jetzt als Coach oder Mentor tätig, um die ehemaligen Kollegen bei ihrem Weg zum Erfolgreich-Sein zu begleiten.

Der Omega-Faulpelz arbeitet gern mit Kollegen zusammen, die sich ebenfalls auf seiner Bewusstseinsstufe befinden. Im Spannungsfeld von Alpha und Omega hält er sich jedoch meist von folgenden Menschen in der Arbeitswelt fern:

- **Simulanten:** Diese tun so, als ob sie arbeiteten, machen große Worte, aber de facto nichts. Ihr Hauptmotto ist: Täuschen, Tarnen und Verpissen. Die meisten von ihnen erreichen jedoch keine Ziele und bleiben erfolglos. Sie gehören in der Regel zum Delta-Typ.
- **Stimulanten:** Sie stimulieren andere, hängen den ganzen Tag am Handy, um andere zu bequatschen, endlich etwas zu tun. Als „Mister Wichtig" betreiben sie oft ein Helikopter-Management – schweben kurz ein, produzieren eine Menge heißer Luft und Verwirrung und sorgen für die Verbreitung von Hektik. Unter Stimulanten finden sich Vorgesetzte, die alles im Griff haben wollen und ihre Mitarbeiter permanent kontrollieren. Der Erfolg dieser Alpha-Typen, persönlich, menschlich und unternehmerisch, ist fraglich.
- **Simultanten:** Sie machen alles gleichzeitig, aber eigentlich nicht das Richtige, weil sie nicht fokussiert sind. Unter

ihnen sind ebenfalls viele Alpha-Typen, aber noch mehr dienstbare Beta-Worker. Zahlreiche Simultanten gehören zur Kategorie der Workaholics. Diese Süchtigen haben ein gutes Image bei ihren „Arbeits-Dealern", die ihnen Arbeit aufdrücken. Doch nach neuesten Studien sind Workaholics eher unproduktiv. Eine nachts um 3:00 Uhr geschriebene E-Mail enthält meist mehr mentalen Schrott als hilfreiche Information. Diese „Stets-zu-Diensten-Mentalität" der Beta-untertänigen Verfügbarkeitsfanatiker wird heute von vielen Unternehmen erwartet, ist dem Omega-Faulpelz jedoch suspekt. Der Beta-Worker nimmt sein mobiles Telefon auch mit ins Bett und legt es verantwortungsvoll unters Kopfkissen für den Fall, dass sein Chef eine Frage haben könnte, wenn er nachts nicht schlafen kann. Beta-Worker können nicht einmal mehr entscheiden, wann sie was machen. Sie werden verplant. Andere verfügen über ihre Arbeits- und Lebenszeit. Omega-Faulpelze sind überhaupt nicht verfügbar – sie schenken anderen ihre (Lebens-)Zeit.

Der Omega-Faulpelz ist lieber mit kreativen Nachtschwärmern, intuitiven Tagträumern, Zauberlehrlingen und Meisterschülern zusammen, die die neue Form des Erfolgreich-Seins in Omega-Zeitqualität zelebrieren und gemeinsam spielerisch neue kreative Lösungen in Netzwerken erfinden.

Der Omega-Faulpelz-Check zur Selbsteinschätzung

Übung:

Wie steht es mit Ihnen? Gehören auch Sie zur Spezies der Omega-Faulpelze? Der nachfolgende *KIOFI-Test* gibt hierzu Hinweise.

Lesen Sie sich die Aussagen in Ruhe durch und kreuzen Sie die Möglichkeit an, die Ihnen Ihrer Meinung nach am ehesten entspricht. Die Vergabe der Punktwerte zum *Omega-Faulpelz-Check* erfolgt nach folgender Skalierung:

	Stimmt immer 6 Punkte	**Stimmt häufig 4 Punkte**	**Stimmt ab und zu 2 Punkte**	**Stimmt gar nicht 0 Punkte**
Mein Schreibtisch ist eher chaotisch organisiert – ich kann viele Dinge gleichzeitig liegen lassen und kümmere mich lieber um die wesentlichen Aufgaben im Leben.	☐	☐	☐	☐
Bei der Arbeit strenge ich mich nicht an – im Gegenteil, ich vermeide stupides Rödeln und mache lieber das Richtige.	☐	☐	☐	☐
Wenn etwas heute noch erledigt werden muss, suche ich nach einer kreativen Lösung, wer diese Aufgabe am besten und mit Spaß übernehmen kann.	☐	☐	☐	☐
Ich habe gerne meine Ruhe – ob im Beruf oder in der Freizeit.	☐	☐	☐	☐
Ich schaue anderen gern bei der Arbeit zu – meinem Chef und dem gesamten Team.	☐	☐	☐	☐
Ein Nickerchen in meinem Liegestuhl ist für mich strategische Ressource.	☐	☐	☐	☐
Ich empfinde es als schrecklich, auch nur in die Nähe von harter Arbeit zu kommen.	☐	☐	☐	☐

	Stimmt immer 6 Punkte	**Stimmt häufig 4 Punkte**	**Stimmt ab und zu 2 Punkte**	**Stimmt gar nicht 0 Punkte**
Ich bin stets gelassen und liebe es, den ganzen Tag einfach nur auf dem Sofa zu sitzen.	☐	☐	☐	☐
Wenn mal etwas nicht klappt, warte ich den richtigen Moment ab, bis sich eine kreative Lösung findet, dann mache ich das Richtige.	☐	☐	☐	☐
Ich höre anderen geduldig zu, lasse sie immer ausreden und überlege mir dann eine Antwort, denn die kollektive Intelligenz des Teams ist größer als die jedes Einzelnen.	☐	☐	☐	☐
Mein Dasein ist im Flow – ich genieße den Tag, während andere auf ihrem Bürostuhl hocken und malochen.	☐	☐	☐	☐
Meine Muskeln sind entspannt, das Leben ist ein Honigschlecken.	☐	☐	☐	☐
Ich fühle mich verantwortlich für meinen Körper und achte in jedem Moment darauf, dass er sich nicht übernimmt.	☐	☐	☐	☐
Ich lebe heute und verbringe nicht meine Lebenszeit damit, Erwartungen aus der Vergangenheit in der Zukunft zu erledigen.	☐	☐	☐	☐

	Stimmt immer 6 Punkte	**Stimmt häufig 4 Punkte**	**Stimmt ab und zu 2 Punkte**	**Stimmt gar nicht 0 Punkte**
Meine Mitarbeiter motiviere ich, damit sie sich ihren Talenten und Fähigkeiten entsprechend so entwickeln können, dass die Arbeit leicht geht und Spaß macht.	☐	☐	☐	☐
Ich halte an nichts fest, spiele gern mit den Möglichkeiten und bin stets offen für neue und bessere Lösungen.	☐	☐	☐	☐
Ich bin ganz ruhig, wenn andere hektisch werden.	☐	☐	☐	☐
Meine Geduld ist grenzenlos.	☐	☐	☐	☐
Schneller ist kein Vorteil. Auf der Autobahn wie überall fahre ich ganz gemütlich auf der rechten Spur, anstatt angestrengt auf der linken durchs Leben zu hetzen.	☐	☐	☐	☐
Ich habe eine Abneigung gegen Handbücher und lineare Arbeitsprozesse – stattdessen kommuniziere ich lieber mit Gleichgesinnten.	☐	☐	☐	☐
Nichts ist wirklich ernst.	☐	☐	☐	☐
Ich kann gut über mich selbst lachen.	☐	☐	☐	☐

	Stimmt immer 6 Punkte	**Stimmt häufig 4 Punkte**	**Stimmt ab und zu 2 Punkte**	**Stimmt gar nicht 0 Punkte**
Das Zusammensein mit anderen und das Gestalten von Ergebnissen in Netzwerken ist mir wichtig.	☐	☐	☐	☐
Scheitern ist für mich ein Erfolgselixier.	☐	☐	☐	☐
Auswertung	☐	☐	☐	☐
Gesamtpunktzahl:				

Auswertung: Je höher Ihre Punktzahl, desto höher Ihr *kreativ-intuitiver Omega-Faulpelz-Index (KIOFI)*. Sollte dieser gering sein, so befinden Sie sich noch auf der Ebene der Alpha- oder Beta-Tiere. Lassen Sie los und nehmen Sie sich und die Dinge gelassener.

Reflexionsfragen für Ihr *Tagebuch der Erfolgsgeheimnisse:*

- Macht mich meine Arbeit glücklich?
- Will ich alles so weitermachen wie bisher?
- Wann habe ich das letzte Mal kreativ nichts gemacht?

Der Weniger-ist-mehr-Erfolgs-Tipp vom Omega-Faulpelz: Lieber Zen-gemäß Sand harken statt turbomäßig im Kreis drehen!

Sinn und Unsinn von Karriere und Macht

„Life is a journey and not a guided tour."

LEADERSHIP-ERKENNTNIS

Karriere und Konkurrenzkampf

Er hat Karriere gemacht. Was heißt das eigentlich? Das Wort „Karriere" kommt vom französischen „Carrière" und bedeutet so viel wie „Laufbahn". Die Berufstätigkeit ist der Schnittpunkt zwischen Individuum und Gesellschaft, nur beruflich erfährt der Einzelne in der Arbeitsgesellschaft Anerkennung. In unserer westlichen Welt ist Karriere mit Konkurrenz verbunden. Jemand macht Karriere, indem er sich gegen andere durchsetzt. Meist geht es um wenige Plätze, die von vielen begehrt werden. Dieser Mangel an sozial anerkannten Positionen ist der Leistungsansporn, auf dem die marktwirtschaftliche Gesellschaft basiert. So entbrennt ein olympischer Wettkampf, bei dem es um Sieg oder Niederlage geht. Doch diese Laufbahn ist von außen vorgegeben, die Kandidaten bewegen sich fremdbestimmt – handeln nach den Erwartungen der anderen. Auf einem vorgezeichneten Weg sind jedoch nur begrenzte Leistungen – und begrenzte Erfüllung – möglich.

Die Spur, die die meisten ziehen, wird weniger von ihren Talenten, Bedürfnissen, Potenzialen und Neigungen bestimmt, als vielmehr davon, wie viel Anerkennung ihnen durch andere zuteil wird. Viele streben vor allem nach Status. Unter Verdrängung der eigenen Bestimmung und der inneren Wahrheit wird bei falschem Ehrgeiz mit Ehre gegeizt. Die Verhaltensrituale und Erwartungen der anderen geben klar vor: „Werde wie wir." Doch dieser Weg ist schwer und anstrengend, denn er führt weg vom eigenen inneren Pfad. Für diese Form der Karriere müssen Sie bezahlen. Der Preis sind möglicherweise die Aufgabe eigener Ideale, Krankheiten, Beziehungsschwierigkeiten oder innere Leere.

Karriere und Macht

Eine Dimension, die beim Begriff Karriere mitschwingt, ist Macht. Der vom Ehrgeiz zerfressene Alpha-Manager, der über Leichen gehen würde, um nach „oben" zu kommen, spielt virtuos auf der Klaviatur interner Machtspiele im Sinne machiavellistischer Herrschaftsaneignung. Seltsamerweise bezahlt er für sein hohes soziales Prestige einen ebenso hohen Preis – den Verlust seiner Authentizität. Power im Sinne von „Gestaltungsfähigkeit" hingegen bedeutet eine ganz andere Ausrichtung von Macht. Erich Fromm spricht hier von „Wirkmächtigkeit". Wenn wir unsere personale Autorität und Verantwortung wertebasiert ausbilden und authentisch im Alltag leben, können wir unseren persönlichen Erfolgsweg ganz einfach gehen – ohne Machtspielchen und vor allem ohne Anstrengung. Dazu müssen wir nicht über andere herrschen, sondern können mit ihnen kooperieren.

Karriere und Geld

Zur herkömmlichen Vorstellung von Karriere gehört natürlich auch das Geld – viel Geld. Um Geld zu verdienen, brauchen Sie keine Ausbildung – jeder kann sich ohne ein Zertifikat oder einen Abschluss Geld leihen, Häuser und Autos kaufen und verkaufen oder mit Aktien spekulieren. Ausbildungsgrad, Intelligenzquotient, Wissen, Schulabschluss und finanzieller Erfolg korrelieren nicht miteinander. Wäre es so, müssten Universitätsprofessoren zu den reichsten Menschen zählen. Wir wissen, dass es eben nicht so ist. Wenn Sie lediglich dem Geld hinterherjagen, werden Sie niemals so viel verdienen können, dass es Sie wirklich glücklich macht, solange Sie nicht das tun, was Sie eigentlich wollen. Und letztlich erfolgreich werden Sie auch nicht sein, dafür aber gestresst und unzufrieden. Trotz des Geldes. Wenn Sie wirklich erfolgreich sein wollen, müssen Sie eins sein mit dem, was Sie tun. Und das erfordert absolute Präsenz und ein Fingerspitzengefühl dafür, zur richtigen Zeit richtig zu handeln. Geld ist dann nur ein Nebenprodukt, das sich einstellt, wenn Sie das Ihnen Angemessene leisten.

Zwei Beispiele, wie es schwer oder leicht geht

Ralf Röber glaubt fest daran, dass man nur durch harte Arbeit Geld verdienen kann. In Sorge um seinen Arbeitsplatz arbeitet er häufig bis spät abends in einer norddeutschen Bank. Er fühlt sich ausgelaugt, ausgenutzt und unterbezahlt. „Ich bin immer nur für die anderen da – und der Depp für alle", sagt er oft. Vor einigen Wochen hat er die Position eines Gruppenleiters im Privatkundensegment übernommen. Eine für ihn ganz neue Tätigkeit, bisher hat er noch nie mit Privatkunden gearbeitet. Nach der Fusion seiner Kieler Bank mit einem Hamburger Institut muss er jetzt täglich nach Hamburg fahren, was er als extrem anstrengend empfindet. Ralf Röber kniet sich in den ersten Tagen richtig in die neue Arbeit hinein. Er krempelt die Ärmel hoch, mistet das Büro seines Vorgängers aus und beginnt, eine Akte nach der anderen durchzulesen. Bereits am ersten Tag macht er Überstunden und schimpft über die Unordnung seines Vorgängers.

Ganz anders Ludwig Mahnke. Er hat kürzlich in der gleichen Bank angefangen, als Abteilungsleiter im Marketing – allerdings in Kiel. Er freut sich sehr, jetzt in Kiel tätig zu sein, denn so hat er mehr Zeit für sein Hobby: das Segeln. Er nutzt die ersten Tage, um die Leute in der Bank kennen zu lernen. Eigentlich trinkt er in der ersten Zeit nur Kaffee mit seinen neuen Kollegen, erkundigt sich über ungeschriebene Gesetze und lernt viel über die Kultur in der Firma. Mittags joggt er oft an der Ostsee, um sich mit frischem Wind und guter Laune für die neue Aufgabe inspirieren zu lassen. Erst nachdem er sich von allem ein Bild gemacht hat, beginnt er, die Ausrichtung für sein Team zu konkretisieren. Mit dieser Faulpelz-Taktik kommt er bei seinen Mitarbeitern und Kollegen gut an, denn er stellt sich auf sie ein und ist in der Lage, Situationen schnell zu erfassen.

Ralf Röber macht es sich schwer – als Entschädigung erhält er eine gewisse Summe Geldes. Ludwig Mahnke hat es sich immer leicht und angenehm gemacht. Wie eine Katze kann er als Omega-Faulpelz den ganzen Tag in der Sonne liegen und nichts tun, außer sich zu pflegen – um dann plötzlich zuzuschlagen. Erfolge finden im Kopf statt – Misserfolge allerdings auch. Dies gilt im Sport, in einer Verhandlung und im privaten Bereich. Für Ludwig war immer klar, dass seine Gedanken ihn zum Erfolg führen. Es sind unsere Gedanken, Glaubenssätze, Erziehungsmuster und Einstellungen, die bestimmen, wie erfolgreich wir werden.

Jeder wählt seinen Platz

Bei allem, was wir tun, müssen wir uns bewusst werden, dass wir es selbst so gewollt und daher gemacht haben. Sie haben gewählt und sich entschieden. Eine Entscheidung für etwas – ein klares Ja – bedeutet auch 999 Entscheidungen gegen etwas – ein klares Nein. Wenn Sie sich für einen angestellten Job in der Kreditabteilung einer Bank entschieden haben, weil Sie vielleicht Betriebswirt sind, haben Sie damit automatisch 999 andere Möglichkeiten ausgeschlagen, die Sie mindestens genauso gut hätten wählen können – haben Sie aber nicht, warum auch immer. Vielleicht, weil Sie nach dem Studium auch gern als Betriebswirt haben arbeiten wollen. Einverstanden. Sie hätten aber auch etwas ganz anderes machen können. Ich kenne viele Menschen, die nach ihrem Studium etwas ganz anderes gemacht haben. Und zwar deshalb, weil ihnen das Studium überhaupt keinen Spaß gemacht hat oder weil sie entdeckt haben, dass ihnen andere Dinge mehr liegen.

Angestellt oder selbstständig?

Wie sieht Ihre Vorstellung von beruflichem Erfolg aus – angestellt in leitender Position oder freiberuflich, selbstständig? Mit der Wahl Ihrer Arbeitsstelle legen Sie auch die Rahmenbedingungen für Ihren Arbeitserfolg fest – und Ihre finanziellen Möglichkeiten. Wie alles ist dies eine Frage der Einstellung. „Mit der Wahl Ihrer beruflichen Tätigkeit haben

Sie im Tausch gegen Freiheit und Selbstbestimmung einen Deckel auf Ihre Freizeit gelegt …“, denkt derjenige, der sich niemals vorstellen könnte, freiberuflich oder selbstständig zu arbeiten. Ihr finanzieller Erfolg hängt in diesem Fall von der Menge der akquirierten Aufträge und dem Preis ab, den Sie für die Auftragserfüllung aushandeln. „Mit der Wahl Ihres Arbeitsplatzes haben Sie im Tausch gegen scheinbare Sicherheit einen Deckel auf Ihren Erfolg gelegt …“, sagt derjenige, der sich niemals vorstellen könnte, angestellt zu arbeiten. Ihr beruflicher Erfolg hängt dann von der Position, der Eingruppierung Ihrer Tätigkeit, der Aufgabenbeschreibung und so weiter ab. Je höher die Stellung innerhalb der Unternehmenshierarchie, desto höher das Gehalt. Und das ist in den meisten Fällen relativ unabhängig von der Menge der geleisteten Arbeitsstunden. Das Ergebnis zählt. Wenn Sie außergewöhnlich gut performen, gibt es ein kleines Zubrot, aber nur ein kleines … Auf der anderen Seite hat ein Angestellter im Vergleich zu einem freiberuflich arbeitenden Menschen statistisch gesehen viel mehr Freizeit.

Wenn eine mangelnde finanzielle Liquidität bei Ihnen Depressionen oder gar Verarmungswahn auslöst, ist eine selbstständige Tätigkeit höchstwahrscheinlich nicht die beste Wahl. Wir dürfen wählen – zum Glück. Im Leben gibt es unendlich viele Möglichkeiten, was wir machen können. Daher ist es wichtig, für sich selbst den besten Weg zu finden. Das Berufsleben lässt sich nicht auf die Kriterien Gehalt und Freizeit reduzieren. Zudem ist die finanzielle Dimension nur eine Facette des Erfolgs.

Machen Sie sich Gedanken, wenn Sie mit Ihrer Arbeit unzufrieden sind, finanziell über Ihre Verhältnisse leben oder von persönlicher Unabhängigkeit träumen. Würden Sie Ihren Job auch dann noch machen, wenn Sie kein Geld dafür bekämen? Ich kenne sehr erfolgreiche Menschen, die diese Frage ganz klar bejahen. Sie machen ihre Arbeit, weil sie eine Quelle der

Erfüllung ist. Und weil sie sie hervorragend machen, bekommen sie sogar sehr viel Geld dafür.

Den eigenen Pfad finden

Eine gesellschaftlich von außen vorgegebene Karriere ist Sinn-los, denn das eigentliche Bedürfnis des persönlichen Selbst kann nicht befriedigt werden. Also: Raus aus dem Laufrad und rein in die selbstbestimmte Laufbahn! Unsere Identität ist ein einmaliger Fingerabdruck, den wir im Leben hinterlassen. Wir sind kein Klon irgendeines Vorbildes, dem es nachzueifern gilt. Wichtig ist, dass wir unsere Fähigkeiten zum Ausdruck bringen. Daher möchte ich von einer individuellen Laufbahn sprechen, auf der Sie Ihren eigenen *Carrus* (lateinisch: Wagen) bewegen und Ihre eigenen Spuren ausfahren können. Dies hat mit Verantwortung und Mut zu tun. Lassen Sie sich nicht länger vor den Karren anderer spannen, sondern fahren Sie Ihre eigene Straße. Werden Sie zum Lenker Ihres Wagens und übernehmen Sie die Verantwortung dafür, wohin er rollt. Sie sitzen nicht auf der Hinterbank und können den Fahrer für den falschen Weg verantwortlich machen, sondern Sie selbst sitzen am Steuer Ihres Lebensgefährts. Sie bestimmen die Richtung, die Bahn, Sie fahren auf Ihrem Weg, den es vorher so nicht gegeben hat. Und dieser innere Weg ist ganz leicht – um ihm zu folgen, brauchen Sie sich nicht anzustrengen. Er wird Sie mühelos zu Ihrem Erfolg führen, wenn Sie sich selbst, Ihrer Vision und Ihrem Fokus nachgehen. Werden Sie ein Original!

Reflexionsfragen für Ihr *Tagebuch der Erfolgsgeheimnisse:*

- Wie viel Zeit verbringe ich mit Arbeit?
- Arbeite ich für das Geld, oder arbeitet das Geld für mich?
- Wie kann ich den Erfolg zu meinem Freund machen?

Der Weniger-ist-mehr-Erfolgs-Tipp vom Omega-Faulpelz: Nutzen Sie Ihre Gestaltungskraft und schaffen Sie sich Ihre eigenen Rahmenbedingungen.

Wie wir Erfolg neu denken und leben können

„Zu viel Fleiß im Kleinen macht meist unfähig zum Großen."

FRANCOIS ROCHEFOUCAULD
(FRANZÖSISCHER SCHRIFTSTELLER)

Unsere Einstellung, unser Bewusstsein stellt die Weichen für Erfolg oder Misserfolg. Negative Gedanken ziehen uns Energie ab – positive Gedanken geben uns Kraft. Daher ist es wichtig, dass wir uns von negativen Vorstellungen verabschieden. Negative Gedanken lassen uns auf einer schlechten Frequenz leben. Wir müssen solche störenden Überzeugungen, Glaubenssätze und Impulse auflösen. Das gelingt leicht, indem wir Gedanken entlarven, die uns Energien rauben, und sie anschließend mithilfe eines Vorzeichenwechsels umpolen, sodass wir dann auf einer optimalen Frequenz leben. In der nachstehenden Tabelle ist ein Frequenzwechsel zur Erfolgs-Transformation zusammengestellt.

In der unerlösten „Rödel-Dimension" sind die Potenziale, Talente und Fähigkeiten noch nicht integriert. Daher werden bestimmte Persönlichkeitsanteile kompensiert oder gehemmt. Der Omega-Faulpelz geht die erfüllte „Vi(t)a integrale" – er hat seine Ressourcen sinnvoll eingebunden und kann seine Potenziale in Fähigkeiten ummünzen, die er dann kraftvoll anwendet.

Vi(t)a integrale: Die Einstellung macht den Erfolg aus

Thema	Unerlöste „Rödel-Dimension"	Erfüllt-integrierte Omega-Faulpelz-Lebensart
Einstellung zum Erfolg	Ich arbeite hart, um Erfolg zu bekommen.	Ich folge mir selbst, dann folgt mir der Erfolg. Das geht ganz leicht.
Mein Erfolgs-Motto	Arbeit, bis die Knochen knacken! Es wird einem nichts geschenkt – ich muss um alles kämpfen, was ich will. Ich muss mich anstrengen und abrackern.	Mit beschwingter Leichtigkeit mache ich, was ich will und was mir entspricht. Alles fließt. Alles geht leicht – ich bekomme, so viel ich will und brauche.
Resultat	Gefühl eines Arbeiters, der für seine harte Arbeit ein Schmerzensgeld und ab und zu eine kleine Belohnung erhält.	Gefühl des kreativ-kraftvollen Lebensschöpfers: Erfolg steht mir zu.
Vorstellungen vom Leben und vom Erfolg	Prinzip der Entbehrung: Ich muss viele unangenehme Arbeiten erledigen, damit ich es verdiene, Erfolg zu haben.	Prinzip des intelligenten Faulpelzes: Ich mache, was ich will, dann bin ich einmalig und erfolgreich.
Haben und Sein	Ziel: Erfolg HABEN	Ziel: Erfolgreich SEIN
Größe und Grenzen	Nur wenige können erfolgreich sein. Überall herrscht Mangel. Das System ist begrenzt.	Erfolg ist für alle da. Reichtum und Wachstum sind unendlich. Es gibt keine Grenzen – außer denen in den Köpfen der Menschen.
Energiestatus	Ich bin ein armes Schwein.	Mir geht's funtastisch – meine Kraft ist grenzenlos.
Zeit und Effektivität	Wenn ich mich lange genug angestrengt habe, werde ich Erfolg haben. Jeden Tag werde ich ein Stückchen effizienter.	Zur richtigen Zeit wird sich am richtigen Ort das Richtige ergeben – und dann schlage ich zu. Blitzschnell, unerwartet und effektiv.

Was wir in der Schule nicht gelernt haben

Das Wichtigste für die Reifeprüfung im Leben ist, dass wir herausfinden, wer wir sind, was uns entspricht, uns Spaß macht und damit leicht von der Hand geht. Doch in der Schule werden wir nur mit Zahlen, Daten und Fakten abgefüllt. Vollgestopft mit Wissen, bleibt uns keine Zeit mehr für das Wesentliche im Leben. Dabei heißt es doch immer: Du lernst fürs Leben und nicht für die Schule. Erinnern Sie sich noch an Ihren Geschichtsunterricht? Was wissen Sie noch davon? Oder denken Sie kurz mal über Ihre Mathematikstunden nach. Können Sie heute noch die komplizierten Formeln anwenden?

Nicht selten müssen wir im Alter von rund 40 Jahren wieder entlernen und dürfen ablernen – um dann das für uns Wesentliche erlernen zu können. Ein Schulabschluss mit 1,0 oder ein Prädikatsexamen von der Universität sagt absolut nichts darüber aus, ob jemand erfolgreich ist im Leben. Ich kenne viele Menschen, die ein hervorragendes Abitur gemacht haben, danach mit exzellentem Abschluss studiert haben und sich heute im Beruf zu Tode langweilen. Sie jammern – und zwar auf hohem Niveau. Was eine Verschwendung von Lebensenergie!

Die Erfolgs-Strategie des Omega-Faulpelzes

Die Essenz der Faulpelz-Strategie, wie wir Erfolg neu denken und leben können, besteht aus einem dreidimensionalen Ansatz: Ein Teilbereich beschäftigt sich mit der Außenwelt, den Rahmenbedingungen und Umständen, unter denen wir leben, ein anderer beleuchtet die Innenwelt näher. Unter der Innenwelt verstehen Omega-Faulpelze psychische, seelische Erfahrungsdimensionen, die unser Verhalten und unsere Einstellung prägen. Und drittens es geht um den Beziehungsaspekt zwischen Innen- und Außenwelt, also um die Art, wie wir mit anderen kommunizieren und wie wir mit der Welt verbunden sind.

Die wesentlichen Thesen der Omega-Faulpelze zum Erfolg lauten:

1. Erfolg ist genau das Gegenteil von dem, was andere denken, was Erfolg ausmacht. Das mag paradox klingen, ist es aber in Wirklichkeit nicht.
2. Angestrengte Konzentration führt nur selten zum Erfolg. Das Ausmaß des Erfolgs verhält sich genau umgekehrt zu der Menge und Intensität der geleisteten Arbeit. Denn der Preis ist zu hoch: Wer seine Lebenszeit mit harter Arbeit verbringt, hat einfach keine Zeit, wirklich erfolgreich zu sein.

Sieben Meilensteine zum authentischen Erfolg

Es stellt sich also die Frage, welche anderen Wege es gibt, die zum Erfolg führen, ohne sich angestrengt abzurackern? Die Omega-Faulpelze verraten uns anhand von sieben Meilensteinen zum Erfolgreich-Sein sieben Geheimnisse, was in den Märkten (und im Leben) von morgen wirklich zählt:

1. **Spring aus der Anstrengungsfalle.** Arbeit war gestern, Erfolg ist heute. Erfolg entsteht nicht durch vermehrte Anstrengung und Konzentration, sondern durch die „Leichtigkeit des Seins".
2. **Geh deinen eigenen Weg – authentisch.** Erfolgreich ist, wer sich selbst folgt und sich selbst (aus-)lebt. Erfolg folgt dem eigenen Fokus und hüpft nicht fremden Vorstellungen hinterher.
3. **Lass los.** Für materielle Dinge wie für Gedanken und Glaubenssätze gilt: Mit geringerer Last kommt man schneller voran.
4. **Betritt Möglichkeitsräume und erfinde dich selbst neu.** Jeder inszeniert in seinen Gedanken seine Wirklichkeit. Erfolg ist die Folge eigener Vorstellungen und Entscheidungen, die in wertegeleitetes und sinnvolles Handeln münden.
5. **Vertraue den magischen Momenten der Omega-Zeit.** Erfolgreich ist, wer zur richtigen Zeit am richtigen Ort mit den richtigen Menschen das Richtige tut. Und das beginnt immer in der Gegenwart – jetzt!

6. **Suche Verbindung zur Innenwelt.** Authentisch ist, wer ganz bei sich selbst ist. Dies lässt sich beispielweise durch Meditation und Entspannungstechniken erreichen.
7. **Surf auf der Welle.** Wer spielerisch mit Dingen, mit Informationen und mit Menschen umgeht, statt gegen sie zu kämpfen, erreicht mehr. Selbst Scheitern kann ein Neuanfang sein.

Der Weg zum Erfolgreich-Sein muss individuell entdeckt werden. Aber dies geht ganz leicht. Sie müssen nicht viel dafür tun. Wichtig ist das *Sein,* nicht das *Machen* oder das *Haben.* Erfolg ist die Summe eines (sich selbst, der Situation und den Mitmenschen) angemessenen Verhaltens, das einer positiven Einstellung entspringt, die nichts mit Anstrengung zu tun hat.

Reflexionsfragen für Ihr *Tagebuch der Erfolgsgeheimnisse:*

- Neige ich dazu, alles immer richtig machen zu müssen, oder mache ich wirklich das Richtige?
- Wie fühlt sich Erfolg für mich an?
- Wenn ich mich an eine Situation erinnere, in der ich mich im Einklang mit mir selbst fühlte: Wie sah das aus?

Der Weniger-ist-mehr-Erfolgs-Tipp vom Omega-Faulpelz: Gießen Sie Ihre Rosen (Talente) statt Unkraut (Schwächen) mit Ihrer „Energießkanne".

Teil 2:

Sieben Meilensteine zum Erfolgreich-Sein

Meilenstein 1: Spring aus der Anstrengungsfalle

„If something's hard to do, then it's not worth doing."

DEEP THOUGHTS OF HOMER SIMPSON

Arbeit heißt Mühsal

Das Wort *Arbeit* kommt vom mittelhochdeutschen *ar(e)beit* und bedeutet ursprünglich Mühsal und Not des Verwaisten (er muss für andere arbeiten). Das Wort *arbeitsam* meint *beschwerlich*. In meinem neunzehnbändigen *Meyers Konversations Lexikon* von 1897 heißt es: *„Arbeit ist die von einer Kraft bei Überwindung eines Widerstandes getätigte Leistung."* Die geleistete Arbeit ist (physikalisch gesehen) umso größer, je größer der überwundene Widerstand ist. Na ja. Bereits die Worte Widerstand und beschwerlich klingen eher nach Anstrengung als nach Erfolg.

Arbeiten Sie noch oder sind Sie schon erfolgreich? Arbeit war gestern. Zumindest für den Omega-Faulpelz. Es kann nicht darum gehen, ein Feuerwerk an Maßnahmen zu zünden, wie Sie noch schneller oder effizienter werden, sondern darum, wie Sie Ihre Erfolgsoffensive starten. Die Frage lautet nicht „*Was* muss ich machen, um Erfolg zu haben?", sondern „*Wie* werde ich erfolgreich?" Erfolg *haben* ist etwas ganz anderes als erfolgreich *sein*. Wenn wir Dingen hinterherlaufen, die uns nicht entsprechen, werden wir erstens nicht erfolgreich und zweitens auf Dauer krank werden.

Die Suche nach den Erfolgreichen – Deutschland sucht den Superstar – hat im Fernsehen und im richtigen Leben begonnen. Der „War for talents", wie ihn einst eine internationale Unternehmensberatung proklamierte, scheint in vollem Gang zu sein. Die Kollateralschäden sind dabei überall spürbar. Wir leiden nicht nur am „friendly fire" perfider Mobbingstrategen im Kollegenkreis. Nein, die Gründe für Erfolg und Misserfolg liegen hauptsächlich in uns selbst. Unsere Gedanken konstruieren unsere Wirklichkeit – der Film von Wahrheit entsteht im Kopf.

Arbeit soll Spaß machen, nicht krank

Seit über drei Monaten ist Oliver Springer im Alarmzustand. Seine Position als Leiter der Personalentwicklung eines internationalen Pharmalogistikunternehmens steht unter Beschuss. Der Alltag wird rauer, der Druck steigt, die Gangart wird härter, der Tonfall barsch, die Betriebstemperatur ist auf dem Nullpunkt und der Spaß hat sich aus dem Staub gemacht. Um ihn herum sind bereits viele gleichaltrige Mitarbeiter entlassen (neudeutsch: freigesetzt) worden. Die Einschläge kommen immer näher. Aus großer Angst, dass es ihn erwischen könnte, legt er noch einen höheren Gang ein und arbeitet sieben Tage in der Woche 11 bis 16 Stunden am Tag. Nachts quälen ihn Alpträume oder er kann vor lauter Grübeln nicht einschlafen. Rückenschmerzen stellen sich vermehrt ein und auch Depressionen. Oliver Springer regt sich immer häufiger über Kleinigkeiten auf, schreit die Parkschranke an, wenn sie nicht gleich hochgeht, nachdem er die Parkkarte eingeschoben hat, will von seinen Mitarbeitern in Ruhe gelassen werden und merkt nicht, dass er mit Hyperspeed auf die Wand des Burnouts zurast.

Work-Life-Balance und Burn-out sind Trend-Themen, denn die Stimmung in der Wirtschaft ist angespannt. Elektrolux, VW und DaimlerChrysler sind nur die Vorboten einer herannahenden grundlegenden Reorganisation bisher üblicher wirtschaftlicher Abläufe. Nicht nur Erwartungen von Vorgesetzten und Mitarbeitern setzen Arbeitnehmer unter Stress – unabhängig von der hierarchischen Position. Termindruck, Angst, Intrigen und Fremdbestimmung sind gefährlich für die persönliche Erfolgsstrategie. Nach internationalen Studien arbeiten mehr als zwei Drittel aller Mitarbeiter in einem Beruf, der ihnen nicht entspricht oder ihnen keinen Spaß (mehr) macht. Und der Druck steigt.

Arbeitssucht wird nicht hinterfragt

Im Fernsehen hieß es am 7. Juli 2004, als der österreichische Bundespräsident Klestil an den Folgen eines Herzstillstands verstarb: „Pflichterfüllung bis zum letzten Atemzug." Das ist schweres Wasser auf die Mühlen der hart arbeitenden Menschen. Die nichtanonymen Workoholiker im Management werden immer mehr in den Unternehmen – quer durch alle Bereiche und Betriebsgrößen. In Japan ist *Karoshi* – das Sich-zu-Tode-Arbeiten – verbreitet. Das Groteske daran: Arbeitssüchtige gelten nicht als bedauernswerte Kranke, sondern als besonders leistungswillig, ehrgeizig und daher förderungswürdig. Gerade die Abschaffung fester Arbeitszeiten führt dazu, dass immer mehr Menschen rund um die Uhr arbeiten – zumindest stets und zu jeder Zeit erreichbar sein – müssen. Doch den immer verfügbaren Workoholikern droht der

Burn-out, wenn sie sich abrackern, ohne auf sich selbst und die eigene Gesundheit zu achten.

Arbeit macht Spaß oder krank – unter diesem Aspekt müssen wir die Zeit, die wir mit Arbeit verbringen, neu bewerten. Dauerstress und unterdrückte Wut schlagen auf Gemüt, Magen-Darm-Trakt, Gelenke und Gefäße. Viele haben im wörtlichen Sinne *Schiss. Kränkung* und *Krankheit* sind gleichen Ursprungs. Während vieler Coaching-Sitzungen berichten mir Menschen über Respektlosigkeit im gegenseitigen Umgang unter Kollegen, Schlaflosigkeit und Konzentrationsstörungen, Ohrgeräusche und depressive Stimmungen. Dass zu viel Arbeit krank macht, steht bereits in *Meyers Konversations Lexikon* von 1897: *„Überarbeitung, zumal erzwungene, führt zu geistiger und körperlicher Abstumpfung und Verkümmerung; ebenso kann die ununterbrochene, eintönige Arbeit die menschliche Entwicklung gefährden.“* Irgendwie scheinen wir seit dem Sprung ins neue Jahrtausend nicht allzu viel gelernt zu haben.

Übung:

Wie hoch schätzen Sie auf einer Skala von 0 bis 10 Ihre Fähigkeit ein, Ihre eigenen Bedürfnisse zu unterdrücken?

0 ______________________ 5 ______________________ 10

Wann haben Sie sich zuletzt so richtig auf Montagmorgen gefreut? Wann haben Sie zuletzt so richtig Spaß bei der Arbeit gehabt?

Vom Erfolgreich-Sein ist noch niemand krank geworden, sehr viele jedoch durch harte Arbeit. Nur wenn Sie gesund sind und nicht zu viel Zeit mit anstrengender Plackerei verbringen, können Sie als Mitarbeiter zur Wertschöpfung und Profitabilität des eigenen „inneren Unternehmens" und des Unternehmens, in dem Sie arbeiten, beitragen. Daher spielen der Kostenfaktor Krankheit sowie deren Auswirkungen auf die Produktivitäts- und Motivationsverluste in Organisationen eine große Rolle.

Ist das Arbeit?
A – Alles
R – richtig
B – bearbeiten,
E – emsig
I – intelligent
T – tun?

Nein, eben nicht. So leben wir zwar die Länge, nicht aber die Fülle unseres Lebens. Dies entspricht dem alten Denken der Alpha-Zeit.

Wertschöpfung statt Wertschröpfung

Nutzen wir die wertvolle Lebenszeit wertschöpfend, um uns nicht zu erschöpfen. Ein Erfolgsziel unseres Lebens sollte es sein, dass wir unsere Werte und unseren Wert schöpfen und nicht schröpfen. Ansonsten leben wir an uns selbst vorbei. Leben Sie oder werden Sie gelebt? Viele leben ihr Leben nur zeitlich ab. Jenseits des selbst gewählten Hamsterkäfigs gibt es eine größere Dimension. Doch dazu müssen wir hinschauen. Mit dem Blick nach den Sternen könnten wir Arbeit auch anders betrachten:

A – Allem
R – ruhig Raum geben,
B – beobachten,
E – einfach
I – intuitiv
T – träumerisch tanzen.

Was ist Arbeit?

Diese Dimensionen sind Kernpunkte des anbrechenden Omega-Zeitalters. Gibt es einen logischen Zusammenhang zwischen Arbeit und Erfolgreich-Sein? Ist das Arbeit, wenn Sie am Strand über Ihr Leben nachdenken? Nach herkömmlichen Kriterien nein, aber es kann zum Erfolg führen. Ist bloße Anwesenheit Arbeit? In vielen Firmen ja, aber sie führt weder zum Erfolg noch ist sie wertschöpfend. Registrieren Sie mal die Blicke Ihrer Kollegen, wenn Sie erst um 11:15 Uhr ins Büro kommen oder wenn Sie bereits um 14:20 Uhr die Firma verlassen. Ist das Arbeit, wenn Sie während der Arbeitszeit schwimmen gehen? Physikalisch ja, nach dem Verständnis der Gesellschaft nein, aber de facto kreieren Sie Ihren Gesundheitserfolg. Wie können Sie denn zur Wertschöpfung der Firma beitragen, wenn Sie nichts für Ihre Gesundheit tun? Ein 30-Jähriger steht voll im Saft, ein 40-Jähriger ist oft eher schlaff – warum wohl? Weil er sich krumm gemacht hat in seinem Job. Das Einzige, was proportional zu harter Arbeit steigt, sind Stress, Erschöpfung, Krankheiten und Burn-out. Nach Jahren im Hamsterrad geraten viele im besten Alter in die Midlife-Crisis. Unsere Lebensreise ist ein Abenteuer. Sie steht nicht unter dem Zwang, irgendwelche Ziele zu erreichen. Geschafft heißt es leider oft dann, wenn am Abend noch der Rasen gesprengt ist, die Kinder im Bett liegen und endlich der spannende Film im Fernsehen beginnt. Doch auch bei so manchem vermeintlich erfolgreichen Alpha-Tierchen, das seine (Lebens-)Zeit im Betrieb stumpfsinnig abspult, drängt sich irgendwann die Frage auf: „War das wirklich schon alles?"

Erfolgreich-Sein beginnt mit gutem Selbst-Wert

Erfolgreich-Sein beginnt damit, dass Sie sich selbst mehr als nur ein bisschen wert sind. Dieser innere Reichtum an wirklichem Selbstbewusstsein ist eine Stellschraube für Ihr inneres Wachstum. Wer für sein Auto in der Werkstatt ganz selbstverständlich teures Motorenöl kauft (nur das Beste, sonst geht der Motor kaputt), selbst aber das billigste Fabrikbrot von LIDL oder ALDI isst, bei dem kann der Selbst-

Wert nicht so hoch sein. Überhaupt leisten wir uns mehr Prophylaxe für unsere Autos als für uns selbst. Die meisten Menschen gehen erst zum Arzt, wenn sie krank sind, betreiben aber keine aktive Gesundheits- geschweige denn Selbstwertförderung. Dabei sind Gesundheit und Selbstwert wichtige Wertschöpfungsquellen auf dem Weg zum Erfolgreich-Sein. Wann haben Sie Ihren Selbst-Wert zuletzt zur Inspektion gebracht?

Viele lecken sich die Wunden, die Ihnen das Leben geschlagen hat, und ziehen sich die Seelensplitter aus der dünner gewordenen Haut. Sie arbeiten schon lange nicht mehr mit Lust, sondern nur noch gegen den Frust. Vom Alltagsfrust zur Lebenslust ist es dabei nur ein kurzer Weg. Doch viele bleiben auf dem Leidenspfad und sehen nicht, dass sie aus dem Leben eine Love-Parade machen könnten.

Übung:

Zauberfrage:
Wie zeigt sich Erfolg?

Beantworten Sie die Zauberfrage: Angenommen, Sie wären bereits supererfolgreich – was würde sich dann für Sie persönlich gegenüber heute ändern?

____

____

Woran, wie und wann würden Ihre Freunde und Kollegen merken, dass Sie supererfolgreich sind?

____

____

____

Wie müsste der spürbare Veränderungsschub aussehen, damit Sie supererfolgreich werden?

____

____

____

Reflexionsfragen für Ihr *Tagebuch der Erfolgsgeheimnisse:*

- Treiben mich Neugierde, Vergnügen und pure Freude an?
- Ist die Arbeit für mich Erfüllung oder Brötchenerwerb?
- Auf welchem Gebiet könnte ich mich gesundarbeiten und müsste mich nicht abrackern?

Wie buchstabieren Sie Erfolg? Hier ein paar Impulse, die Sie für sich ergänzen oder abändern können:

E – Einfach, Enthusiasmus, Einzigartigkeit, Erfolgswillen, Energie, Sich-Einlassen
R – Relaxieren, Realitätssinn, Risikofreude, das Richtige zur richtigen Zeit
F – Freundlichkeit, Freiheit, Freude, Fähigkeiten
O – Offenheit, Optimismus, Omega-Faulpelz-Verhalten
L – Luftig, Leichtigkeit, Loslassen, Locker, Liebe, Lust, Leiten, Leuchten, Lebendig, Lachen
G – Genialität, Gelassenheit, Genuss, Glück

Der Weniger-ist-mehr-Erfolgs-Tipp vom Omega-Faulpelz: Je weniger Sie angestrengt schuften müssen, desto mehr Zeit haben Sie, sich der persönlichen Weiterentwicklung zu widmen.

Lebensqualität beginnt jenseits der Hektik

Bedrohlich: das Hektik-Virus

Weltweit grassiert eine entsetzliche Epidemie. Schon lange vor dem Ausbruch der Vogelgrippe in Deutschland hatte diese erfolgsbedrohende Krankheit viele Unternehmen voll im Griff. Sie alle kennen dieses Pseudo-Virus – in Sekundenschnelle infiziert es herumstehende Menschen. Die Inkubationszeit ist extrem kurz – im Schnitt zwischen 2,4 und 4,3 Millisekunden. Die Erkrankung verläuft schleichend bis zum Break-down oder bis zum protektiven Feierabend. Infektions- und Übertragungswege: auditiv und visuell. Es gibt keine Tröpfcheninfektion, aber der orale Weg (es gilt das gesprochene Wort) ist ebenfalls bekannt. Feinnervige Menschen spüren die herannahende Infektion bereits über die erhobene Stimme der infizierten Personen, die sich auf dem Flur oder in Meetings produzieren.

Der Hektik-Erreger ist bisher nicht nachweisbar. Selbst hochauflösende Elektronenmikroskope und auch rasterelektronenmikroskopische Forschungen sind zu keinem Ergebnis gekommen. Sogar im forschungskreativen Asien konnte noch kein Erreger gefunden oder kloniert werden. Dementsprechend steht bisher auch kein Impfstoff zur Verfügung, der Abhilfe schaffen könnte.

Hektik-Symptome

Die körperlichen Symptome zeigen sich in vermehrtem Schwitzen, hochroten Köpfen, kalten Händen, Gesichtsflecken, fahrigen Bewegungen und manchmal starren Blicken. Äußerungen können wirr klingen, zudem werden Wortfindungsstörungen beschrieben. Der Verlauf ist unterschiedlich. Vom Hochschaukeln bis zur totalen Erschöpfung sind alle Ausprägungen möglich. Blutdruckkrisen und Herzinfarkte sind denkbare seltene Spätfolgen. Die angezeigte und empfohlene Therapie besteht in sofortiger Ruhe. Es muss keine Bettruhe sein. Hocherwünschte Nebenwirkungen der Ruhe sind völliges Entspannen und Loslassen der Hektik auslösenden Situation. Die Erkrankung hinterlässt keine schützenden Antikörper, sodass es jederzeit wieder zu einer Ansteckung kommen kann – es sei denn, dass vorbeugende Medikamente wie Gelassenheit und Achtsamkeit rechtzeitig eingenommen werden.

Die volkswirtschaftlichen Risiken und Nebenwirkungen des Hektik-Virus sind beträchtlich. Täglich legt die Hektik ganze Abteilungen lahm oder führt zu einem wilden Durcheinandergackern mit Stillstand der Wertschöpfungskette.

Am ehesten vermeiden Sie die Ansteckung, indem Sie die Ansteckungsgebiete weiträumig umgehen, bevor es Sie heiß erwischt. Die beste Prophylaxe sind Gelassenheit und ganz präsente Achtsamkeit. Lassen Sie sich nicht in den Bann des Hektik-Virus ziehen. Vermeiden Sie zu viel Arbeit. Behalten Sie die Ruhe und helfen Sie anderen durch die Verbreitung von Ruhe und Gelassenheit. Das nützt.

ADHS bei Managern

In Extremfällen führt Hektik in Unternehmen bei den Mitarbeitern zum von Kindern bekannten Aufmerksamkeits-Defizit-Hyperaktivitäts-Syndrom (ADHS), dem Zappelphilipp-Syndrom. Jeder kennt sie, die Manager, die dauernd in der Welt herumzappeln und durch die Programme des Lebens zappen. In Meetings unterbrechen sie Kollegen, platzen mit ihren Kommentaren heraus, lassen andere nicht ausreden, wippen mit den Knien und spielen mit ihrem Blackberry oder anderen Zeitknechtwerkzeugen herum. Ihnen fällt es sehr schwer, sich zu konzentrieren und aufmerksam zu sein. Sie lassen sich von Kleinigkeiten ablenken und hören oft nicht zu. Wenn sie darauf angesprochen werden, antworten sie, dass sie gerade eine wichtige SMS beantworten mussten. Nicht einmal unterwegs ist man vor ihnen sicher, denn diese Spezies mit Laptop und Handy im Dauereinsatz breitet sich permanent aus, allem voran im ICE. Als zapplophile

Vielflieger lungern sie auch in der Senator-Lounge auf dem Flughafen herum und stören die entspannten Omega-Faulpelze, die dem genüsslichen Nichts-Tun frönen wollen.

Die Betroffenen leben in einem Teufelskreis: Durch ihre psychomotorische Unruhe haben sie häufig Arbeitsprobleme und es kommt zu Spannungen mit den Mitarbeitern. Dies kann zu sozialer Ausgrenzung führen, die wiederum Frustrationen und depressive Verstimmungen begünstigt. Dadurch kann sich die psychomotorische Unruhe noch verstärken. Studien bei Kindern zeigen, dass Kinder mit ADHS oft unter aggressiven Störungen leiden und kaum Freunde haben. Leider breitet sich ADHS unter Erwachsenen immer weiter aus, wie wir bei einer Befragung feststellen mussten.

Handys: moderne Knechtschaft

Bei einer Blitzumfrage unter 279 Probanden an drei internationalen Flughäfen über das Benutzerverhalten von mobilen Telefonen nach der Landung fanden wir heraus, dass knapp 91,3 Prozent der Fluggäste direkt nach dem Aussteigen damit begannen, entweder zu telefonieren oder ihre Sprachbox abzuhören. Bei weiteren drei Prozent war die Batterie leer oder das Handy nicht auffindbar. Nur knapp 5,6 Prozent sind ruhig Richtung Ausgang geschritten oder haben einfach gar nichts gemacht. 0,1 Prozent der Befragten hatten die Frage nicht verstanden, da sie bereits an einer Telefonkonferenz teilnahmen, oder konnten diese aus Zeitgründen nicht beantworten.

Zappeln ist nicht an Orte gebunden. Jetzt, wo überall gespart werden muss, wird Hektik eben im Büro verbreitet. Nun sitzen die Manager wie Hühner auf der Stange und gackern bei ihren Telefonkonferenzen im Großraumbüro umher. Jeder von ihnen hat unter den Bedingungen der Bodenhaltung seinen Roll-Container mit den wichtigsten Utensilien, die man im Manager-Vierkampf so braucht: Notebook, mobiles Telefon und Strom – und natürlich den

Zugang zum Netz. Und so sitzen sie mit ihren elektronischen Fußfesseln – stets erreichbar – da und tippen auf den kleinen Plastiktasten all die wichtigen Buchstaben für die nächste E-Mail oder spielen Daumenkino mit den SMS-Knöpfen ihres Handys.

Früher lachten die Industriemanager über die Beamten, die ihre Aktenberge und Vorlagemappen von a bis z abarbeiteten. Doch in modernen Unternehmen geschieht genau dasselbe – man füllt den Mitarbeitern das Körbchen ihrer Mailbox und kann sicher sein, dass dieses am Ende des Tages abgearbeitet ist. Und so sind die Betroffenen dann auch – abgearbeitet. Zum Vor-, Nach- oder Querdenken bleibt überhaupt keine Zeit mehr. Aber 150 E-Mails zu beantworten ist ja schließlich auch eine Leistung! Und eine gute Gelegenheit, vor der inneren Leere zu fliehen, das wirklich Wichtige nicht wahrnehmen zu müssen.

Der Manager als Sekretärin

Früher war die Welt noch in Ordnung. Da gab es Sekretärinnen und Schreibkräfte in den Firmen. Diese Spezies ist in IT-Zeiten komplett ausgestorben. Fleißig bedienen hoch qualifizierte Mitarbeiter nun im Zwei-Finger-Adler-Suchsystem die Tasten, tragen Reisekosten selbst in Formulare ein, füllen Papier im Drucker nach und ordern Firmenreisen im Intranet. Vor lauter administrativen Aufgaben, Konferenzschaltungen und E-Mails bleibt für die inhaltliche Arbeit kaum Zeit. Hinzu kommt der Frust, nie das zu schaffen, was man eigentlich will. Und am Ende des Tages ist die Mailbox wieder brechend voll.

Im Coaching begegne ich diesen Managern mit Achtsamkeit als Antidot zum Zappelphilipp-Syndrom. Wachheit und Klarheit lassen sich nicht mit Anstrengung erreichen. Doch sie sind die Voraussetzung für Kreativität. Erst durch einen mühelosen Zugang zur Innenwelt, zum Beispiel durch Meditation, wird wieder der Blick auf das Wesentliche möglich.

Reflexionsfragen für Ihr *Tagebuch der Erfolgsgeheimnisse:*

- Wie oft schaue ich in meine Mail-Box?
- Wann schalte ich mein Mobiltelefon ab?

Der Weniger-ist-mehr-Erfolgs-Tipp vom Omega-Faulpelz: Der natürliche Reflex gegen Arbeitszwang ist es, sich erst einmal eine gute Tasse Tee zu holen. Und sich dann ohne Anstrengung zu vergegenwärtigen, was wirklich wichtig ist.

Meilenstein 2: Geh deinen eigenen Weg – authentisch

„Frage dich immer: „Was will ich?“ – Die anderen wichtigen Fragen werden folgen.“

SAM KEEN,
US-AMERIKANISCHER PHILOSOPH

Lebensverwaltung oder Lebensgestaltung?

Es gibt zwei Grundhaltungen, wie wir unser Leben führen können: die *passive Lebensverwaltung* und die *aktive Lebensgestaltung.* Wer sein Leben nur verwaltet, hat keine Vision, keine Orientierung, sondern richtet sich nach anderen und macht Dritte für sein Schicksal verantwortlich. Wenn etwas nicht klappt, sind für ihn die anderen schuld. – Und das stimmt sogar irgendwie, denn der Lebensverwalter trifft ja im Grunde keine eigenen Entscheidungen, sondern vollzieht das im vorauseilenden Gehorsam nach, von dem er glaubt, dass man es von ihm erwartet. Der Weg des Lebensverwalters ist anstrengend, weil er immer überlegen muss, welche Erwartungen er jetzt schon wieder zu erfüllen hat. Er will stets alles *richtig* machen. Diese Haltung ist natürlich nichts für den Omega-Faulpelz. Er nimmt sein Leben in die eigenen Hände, gestaltet es, indem er auf sich selbst hört, nicht auf andere. Er kennt seinen Fokus und lebt die Fülle des Lebens. Er versucht, das *Richtige,* nämlich das Wesentliche zu tun.

Erfolgreich sind Sie dann, wenn Sie Ihren Visionen folgen und diese auf ein Ziel fokussieren. „Tue wenig, aber führe es zu Ende“ ist eine Devise des Omega-Faulpelzes. Die Basis für den Erfolg ist Ihre Grundhaltung gegenüber dem Leben, Ihre Einstellung gegenüber den Dingen. Erfolg ist nicht von gegebenen Umständen oder Bedingungen abhängig. Sie allein sind verantwortlich für Ihr Leben – niemand sonst. Sie dürfen wählen, ob Sie Ihren Lebensweg mit Freude und Erfolg gehen oder einen problematischen Leidensweg einschlagen.

Grundhaltung – mehr Sein, weniger Schein

Präsenz zeigen

Die Voraussetzung dafür, erfolgreich zu sein, ist, dass Sie eine positive Haltung gegenüber dem Erfolg haben. Das heißt nicht, dass Sie Erfolg magisch anziehen, sondern, dass Sie über genügend Selbstwertgefühl verfügen und sich selbst bewusst führen können. Der Erfolg resultiert, wenn wir Authentizität mit echter Power – im Sinne unternehmerischer Gestaltungsfähigkeit – verknüpfen. Und das hat mit unserer Präsenz zu tun. Viele haben eine eigene Internet-Präsenz und waren auf einem Präsentations-Seminar, glänzen in ihrer Firma mit Präsentismus – sprich Anwesenheit – , sind aber nicht wirklich präsent. Ihre Gedanken sind entweder ganz woanders oder pendeln zwischen Vergangenheit und Zukunft. Und genau das raubt Kraft.

Der ewig Getriebene will einen immer höheren Lebensstandard; er will immer *mehr* von allem. Er schätzt jedoch nicht, was er bereits hat. Er richtet sich nach den Umständen (im Außen), anstatt sich darauf zu be-Sinn-en, welche Potenziale, Fähigkeiten und Talente (im Innen) ihm zur Verfügung stehen. Die Seele will dagegen Entwicklung den eigenen Potenzialen und Talenten gemäß. Wenn sie nicht gehört wird, schlägt sie zurück. Sie fängt an zu schreien. Und der Resonanzboden hierfür ist der Körper. Die Seele kann sich nur über Krankheitssymptome im Körper bemerkbar machen. Depressionen, Burn-out und chronische Erkrankungen können die Folge sein, wenn ein Mensch sich selbst nicht folgt, sondern andauernd nach äußeren Zielen strebt.

Wenn wir an dem festhalten, was wir jetzt haben, kann keine Weiterentwicklung stattfinden. Viele arbeiten und leben nach dem Prinzip „Führen, Leisten, Kleben“. Sie kleben an ihren Arbeitsplätzen und halten am Status quo fest. Sie lassen nicht los. So blockieren sie sich selbst.

Authentizität – Schlüsselfaktor für den persönlichen Erfolg

Damit Sie sich selbst folgen können, brauchen Sie einfach nur ganz Sie selbst zu sein. Ohne Maske. Authentisch zu sein bedeutet, man selbst zu sein, wie man ist – und nicht, wie man sein möchte. Es bedeutet, sich selbst gegenüber ehrlich zu sein, sich aufrichtig zu verhalten und dies auch zu zeigen. Und es hat etwas damit zu tun, sich selbst so anzunehmen, wie man ist. Dies setzt voraus, dass wir mit uns selbst, unserem Innern und unseren Zielen übereinstimmen und uns adäquat verhalten. Authentisch sind wir immer dann, wenn wir wir selbst sind – ohne das Gefühl zu haben, eine Rolle zu spielen oder spielen zu müssen. Wir sind authentisch, wenn wir singen, lachen und spielen. Dieser Mut zur (eigenen) Aufrichtigkeit tut gut und gibt Kraft. Authentisch zu sein heißt, das zu sagen, was wir meinen, und das zu meinen, was wir sagen. Wir sagen, worauf es uns ankommt, und nicht das, was ankommt. Und wenn wir uns solchermaßen selbst folgen, folgt uns der Erfolg.

Übung:

Kommen wir Ihrer Persönlichkeit auf die Spur: Wenn Sie drei Kerneigenschaften von sich selbst nennen sollten, die Sie als Person ausmachen, welche wären dies?

1. ______________________________

2. ______________________________

3. ______________________________

Machen wir die Probe – wenn Sie Ihren Lebenspartner oder Ihre besten Freunde fragen würden, welche drei charakteristischen Merkmale Sie als Person ausmachen, welche Antwort bekämen Sie vermutlich?

1. ______________________________

2. ______________________________

3. ______________________________

Wie weit stimmen die Antworten überein? Markieren Sie auf der folgenden Skala von – 8 bis 8 den Grad der Übereinstimmung, wobei ein Pluswert eine deutliche Übereinstimmung, ein Minuswert eine Abweichung darstellt. Der Deckungsgrad von Selbst- und Fremdbild gibt Ihnen Aufschluss darüber, ob Sie authentisch handeln.

-8 ______________________ 0 ______________________ 8

Um anderen zu gefallen, sind viele geneigt, sich nicht authentisch zu verhalten. Sie leiden unter dem Please-me-Syndrom, strampeln sich im Außen ab, ohne zu merken, dass sie sich von sich selbst entfremden.

Der Vorgesetzte, der Leutseligkeit zur Schau stellt, obwohl er eigentlich hochgradig introvertiert ist, verhält sich unauthentisch. Das spüren die Mitarbeiter, denn es zeigt sich in äußerlichen Unstimmigkeiten. Es kann sich beispielsweise in der Stimme bemerkbar machen, wenn etwa die Stimmfestigkeit fehlt. Kommunikation steht im Spannungsfeld von Wahrhaftigkeit und Wirkungsbewusstheit. Spätestens die Körpersprache weist darauf hin, dass es eine Diskrepanz zwischen Gesagtem und Gemeintem gibt.

Sich selbst annehmen

Gerade taffe Manager, die auf Soft Skills wenig geben und sich lieber an Zahlen, Daten und Fakten halten, sind gefährdet, sich selbst abhanden zu kommen. Denn wer sich selbst nicht annimmt, kommt dem Burn-out-Syndrom gefährlich nahe. Wenn Sie sich hingegen Ihrem Kern nähern und sich ganz auf sich selbst einlassen, werden Sie die Kraft spüren, die in der Selbstannahme steckt. Authentizität bedeutet auch, mit sich selbst fair umzugehen und nur Wege einzuschlagen, die einem entsprechen – unabhängig davon, was andere denken und sagen.

Letztlich sind immer wir selbst es, die unser Leben führen – auch wenn wir uns von anderen leiten lassen. Wir sind es, die uns zu viel aufladen und glauben, dass wir uns anstrengen müssen, um erfolgreich zu sein. Wir machen uns den Druck, belasten uns selbst und leiden an den eigenen Erwartungen. Zu viel Konzentration, Disziplin und vorauseilender Gehorsam machen uns das Leben schwer. Die Reaktion auf Alltagserwartungen und Anforderungen ist erlernt. Wenn Sie bisher auf eine Situation in einer bestimmten Weise reagiert haben, so muss dies nicht so bleiben. Wir können unser Verhalten ändern. Und das hat maßgeblich mit unserer Einstellung zu tun. Analysieren Sie Ihr eigenes Anspruchsniveau. Oft sind es unsere Erwartungen an uns selbst, die uns Misserfolg und Frust bescheren. Wenn Sie sich mehr vornehmen, als Sie eigentlich schaffen können, müssen Sie sich über Misserfolge und Enttäuschungen nicht wundern. Schuldzuweisungen an andere sind dabei nicht zielführend.

Übung:

Folgende Ansprüche habe ich an die anderen:

____

____

Folgende Ansprüche habe ich an mich selbst:

____

____

Reflexionsfragen für Ihr *Tagebuch der Erfolgsgeheimnisse:*

- Was mag ich an mir?
- Was mögen andere an mir?
- Wie kann ich meine Stärken für meinen Erfolg fruchtbar machen?

In meinem Buch *Machen Sie doch, was Sie wollen* (GABAL 2003) bin ich auf Energieräuber und Wake-up-Calls eingegangen, die sich gesundheitlich auswirken. Wer sich hierfür näher interessiert, dem sei dieses Buch empfohlen, da viele Punkte sinnvoll ergänzt werden, die im vorliegenden Buch nur angerissen werden können.

Der Weniger-ist-mehr-Erfolgs-Tipp vom Omega-Faulpelz: Behandeln Sie sich selbst wie einen guten Freund.

Die Angststarre überwinden

Einmal bei der Deutschen Bank, immer bei der Deutschen Bank. Das war einmal. Allein in der Bankbranche sind in den letzten Jahren über 40.000 Mitarbeiter entlassen worden. „Entlassungsproduktivität" ist das Unwort des Jahres 2005. Doch immer wieder tappen viele in die Sicherheits- und Zufriedenheitsfalle.

„*Die Renten sind sicher*" – äußerte vor Jahren ein gewisser Herr Blüm. Mittlerweile könnte man den Satz ergänzen durch den Zusatz – „ein Problem". Demografischen Studien zufolge werden die Renten in Zukunft nicht höher sein als der Sozialhilfesatz. Wenn Sie 40 Jahre oder jünger sind, ist Ihre Rente eine Illusion. Mehr nicht.

Erfolgshemmnis Zufriedenheit

Wie geht's Ihnen? „Ich bin zufrieden." Haben Sie einen solchen Satz auch schon gehört? Die Steigerung ist: „Ich muss zufrieden sein." Schrecklich. Die Zufriedenheitsfalle kann überall und jederzeit zuschnappen. Die Arbeitsroutine und das Sicherheitsbedürfnis bauen einen goldenen Käfig aus Langeweile. Zufriedenheit und Langeweile liegen sehr nah beieinander. Vielen Menschen fehlen Faszination und Begeisterungsfähigkeit – oder sie sind verschüttet unter ängstlichem Sicherheitsstreben. Walter Chrysler sagte einmal: „Das wahre Geheimnis des Erfolgs ist die Begeisterung." Wenn Sie für eine Sache brennen, werden Sie alles dafür geben, dass Sie das erreichen, was Sie sich vorgenommen haben. Wenn nicht, werden Sie auch nicht erfolgreich sein. Einige DaimlerChrysler-Manager scheinen dies angesichts der Effizienzvorgaben des Shareholder-Value-Gedankens vergessen zu haben. Doch wenn dieser Begeisterungs-Stern am automotiven Himmel untergeht, wird es düstere Nacht über Stuttgart. Und die Dämmerung senkt sich schon über viele lineare Analysen. Grund genug, etwas zu ändern.

Erfolgshemmnis Angst

„*Mein Leben war voller Missgeschicke, die nie eingetreten sind*", sagte einst Montaigne. In vielen Konzernen begegnen wir einer besonderen Spezies – den Fehler vermeidenden Angsthasen. Sie sind so ängstlich, dass sie nichts entscheiden und sich permanent vor Dingen fürchten, die theoretisch eintreten könnten. Permanent hoppeln sie auf leisen Pfoten scheu durch die Unternehmen und fragen andere, ob dies oder jenes erlaubt sei, oder suchen in Paragrafen und Vorschriften nach Ge- und Verboten. „Bloß nichts falsch machen" ist das Motto. Diese Spezies unmündiger Kindrollenspieler nimmt im Zeitalter der Entlassungsproduktivität mehr und mehr zu. Wer Vertrauen und Selbstvertrauen besitzt, braucht keine Angst zu haben. Je mehr Angst existiert, desto weniger Kreativität und Spontaneität sind möglich. Angst lässt Menschen wie Organisationen erstarren. Mut und Vertrauen ermöglichen Weiterentwicklung, nicht das angstbesetzte Vermeiden von Fehlern. In vielen Fällen beruht Angst auf falschen Annahmen, die uns real erscheinen. Aufgrund unserer Vorstellungen und Erwartungen machen wir uns den Stress selbst. Das Wort Angst heißt im Englischen fear. Entsprechend dem obigen Gedankengang heißt *FEAR* nichts anderes als „false evidence appearing real". Menschen, die sich vor eingebildeten Gefahren fürchten, stehen sich selbst im Weg und fahren mit angezogener Handbremse durch das Leben. Wenn wir ständig in der Furcht vor dem leben, was theoretisch schiefgehen könnte, können wir den Augenblick nicht genießen und katapultieren uns selbst aus der Kraft und so aus der eigenen Erfolgsbahn heraus. Für viele Menschen stellt die Angst vor dem Versagen die größte Einschränkung ihres Handlungsradius dar. Diese Angst raubt ihnen die Energie und vergiftet den Geist. In letzter Zeit macht sich die Angst um den Arbeitplatz breit und lähmt viele Menschen.

Produktive Angst

Angst ist ein Hauptfaktor aus der psychischen Unterwelt. Ein auf den ersten Blick unangenehmer Genosse. Aber auch sehr hilfreich bei Veränderungen, wenn die Angst nicht vermieden oder bekämpft wird, sondern Negativenergie in Kraft zum Handeln verwandelt werden kann. Angst dient ursprünglich dazu, uns in einer lebensbedrohlichen Situation durch Adrenalinausschüttungen für Flucht oder Kampf vorzubereiten. Daher ist es wichtig, klar zu unterscheiden: Ist die Angst begründet oder die vermeintliche Interpretation eines Ereignisses, das wir mit Angst beantworten, obwohl die Situation eigentlich gar nicht gefährlich ist? Als Differenzierungskriterium können Sie sich fragen, ob die Angst auslösende Situation unmittelbar Ihr Leben oder zumindest Ihre materielle Existenz bedroht oder nicht. Angst ist eine gute Richtschnur für die eigene Entwicklung, weil sie auf Defizite aufmerksam macht. Die Angst wird größer, wenn wir sie verdrängen oder bekämpfen wollen. Der Trick ist, dass Ängste, denen wir uns stellen, verschwinden. Hierzu braucht es Mut und Vertrauen. Gegenüber sich selbst wie gegenüber anderen.

Self-Empowerment statt Angst

Sie selbst sind Herr Ihres Lebens und Schöpfer Ihres Lebens-Erfolgs. Niemand sonst. Und nur Sie allein bestimmen, wie Sie erfolgreich werden. Sie haben sich jetzt viel mit sich selbst beschäftigt, mit Ihren Gedanken und Wünschen, mit dem, was Sie wollen. Was könnte das konkret sein? Was könnten Sie in Angriff nehmen, um sich selbst näher zu kommen? Da wir nicht mehr im Mittelalter leben, haben Sie grundsätzlich (fast) alle Möglichkeiten, das zu machen, was Ihrem Herzenswunsch, Ihren Talenten und Potenzialen entspricht. Zudem machen neueste neurophysiologische Forschungen deutlich, dass die Vorstellungen von der Persönlichkeit als dem angeborenen Wesen des Ichs in die Museumsvitrine gehören. Wir können unsere Nervenzellen fast ein Leben lang neu organisieren. Daher geht es nicht mehr um die Frage „Wer bin ich?“, es heißt vielmehr: „Wer könnte ich werden?“ Das nimmt den Druck von uns, dass nur ein Weg im Leben der richtige ist.

Übung:

Nehmen Sie sich zur Beantwortung der folgenden Frage so viel Zeit, wie Sie brauchen, und jede Menge Papier. Diese zentrale Lebensfrage lautet: Wer könnte ich werden?

____

____

____

Das Spiel der Möglichkeiten – was tun?

Jochen Schwertfeger ist engagierter Jurist in einer Münchner Rechtsanwaltskanzlei. Da er sich mit seinem Vorgesetzten in maßgeblichen Punkten immer wieder streitet, möchte er seinen lang gehegten Wunsch wahr machen und eine eigene Kanzlei eröffnen. Als er bereits gekündigt hat und fest entschlossen ist, mit einem Kollegen in Hamburg eine eigene Sozietät mit dem Schwerpunkt Arzthaftungsrecht aufzubauen, klingelt das Telefon. Die Headhunterin einer namhaften Personalberatung fragt ihn, ob er sich nicht vorstellen könne, bei einem internationalen Versicherungskonzern in der Sparte Krankenversicherung als Jurist mit dem Schwerpunkt Arzthaftungsrecht anzufangen. Das Angebot ist verlockend – es winken Mitarbeiterverantwortung, ein gutes Gehalt, Ruhm und Ehre und die Perspektive, auch im Ausland arbeiten zu können. Andererseits will er doch so gern seine eigene Kanzlei gründen – doch der Start eines eigenen Unternehmens ist immer mit Risiken und Ängsten verbunden …

Eine solche Entscheidung fällt schwer und muss möglicherweise im Coaching geklärt werden. Wichtig ist, dass Sie für sich herausfinden, ob Sie sich selbst, Ihren Potenzialen und Ihrem roten Erfolgs-Faden folgen.

Reflexionsfragen für Ihr *Tagebuch der Erfolgsgeheimnisse:*
- Was macht mir Angst?
- Wie könnte mir diese Angst helfen?
- Was kann ich tun, um diese Angst zu überwinden?

Der Weniger-ist-mehr-Erfolgs-Tipp vom Omega-Faulpelz: Fokussieren Sie die Realität, nicht das, was eventuell passieren könnte.

Typologien – Radarsysteme zur Persönlichkeit kennen

Die eigenen Potenziale entfalten

Nach Personalstudien nutzen Unternehmen circa 65 Prozent der Potenziale ihrer Mitarbeiter. Die Frage ist, wie wir unsere Potenziale maximal ausschöpfen könnten – also zu 100 Prozent. Welche Anreize sind die besten? Bezahlung? Sicherheit? Arbeitsumfeld? Status? Anerkennung? Sinn? Werte? Spaß? Verantwortung? Zeitvertreib? Lernen? Entfaltung der Persönlichkeit? Und das gilt natürlich nicht nur im Sinne der Wirtschaftsunternehmen, sondern vor allem auch für unser „inneres Unternehmen".

„Du kannst nicht über etwas hinauswachsen, was du gar nicht kennst. Um über dich selbst hinauszugelangen, musst du dich selbst erst einmal kennen lernen", hat der indische Gelehrte Sri Nisargadatta Maharaj gesagt. Unser Beruf im Sinne von Berufung ist es, herauszufinden, wer wir sind. Und dann das zu tun, was uns entspricht. Viele kennen ihr Erfolgsziel nicht. Doch wie können wir ein Ziel erreichen, das wir gar nicht

kennen? Um die Schrittlänge Ihres individuellen Erfolgs bestimmen zu können – und damit auch, zu welchen Sprüngen Sie in der Lage sind –, ist es hilfreich, mehr über die eigenen Fähigkeiten und Talente zu erfahren. Zu diesem Thema habe ich bereits in meinen Büchern *Machen Sie doch, was Sie wollen* (GABAL 2003) und *Selbstmanagement* (GABAL 2005) viele Punkte herausgearbeitet, hier möchte ich gezielt auf die Persönlichkeitstypologie abheben.

Persönlichkeitsmodelle nach C. G. Jung

Die Menschen haben seit jeher eine enorme Vielfalt kluger Methoden entwickelt, um sich selbst und andere zu erforschen. Der Schweizer Psychologe Carl Gustav Jung war hier in den 20er-Jahren des letzten Jahrhunderts wegweisend. Menschliches Verhalten, so seine Erkenntnis, lässt sich psychologischen Typen zuordnen. Diese Typen bestehen aus Mustern, wie Menschen bevorzugt Informationen aufnehmen und aufgrund dieser Informationen Entscheidungen treffen. Es werden Prozesse, nicht die Personen selbst klassifiziert. Jungs Typentheorie nimmt an, dass sich jede bewusste geistige Aktivität in drei Funktionen einordnen lässt: *Wahrnehmung, Beurteilung* und *Einstellung zur Umwelt.* Bei der Wahrnehmungsfunktion stellt sich die Frage, ob Personen eher ihren Sinnen oder ihrer Intuition folgen. Die Beurteilungsfunktion unterscheidet, ob Menschen eher denkend oder werteorientiert vorgehen. Die Einstellung zur Umwelt kann außen- (extravertiert) oder innengerichtet (introvertiert) sein. Die individuellen Neigungen zu bestimmten dieser Prozesse haben unterschiedliches Verhalten zur Folge. Wir verhalten uns so, wie wir es tun, weil unsere Neigungen uns dazu bringen. Neigungen – Jung spricht von Präferenzen – sind grundlegend mit unserer Persönlichkeit verknüpft und bleiben ein Leben lang ziemlich stabil. Jungs Typologie wurde von zahlreichen Forschern aufgegriffen und weiterentwickelt. Bekannte Persönlichkeitsmodelle, die hierauf fußen, sind etwa *MBTI*© oder *GPOP*©. Die Wissenschaftlerinnen Isabel Myers und Katherine Briggs ergänzten in ihrem MBTI©-Modell noch den Faktor *Lebensstil.* Diese Dimension betrachtet, ob Personen sich in der Außenwelt eher strukturiert oder flexibel verhalten. Die Konstellation dieser Muster von Wahrnehmung und Verhalten hat einen Einfluss darauf, wie Menschen einander begegnen und mit Herausforderungen, Veränderungen und Konflikten umgehen. Solche Instrumente zur Persönlichkeitsanalyse werden in Seelsorge, Beratung Personalmanagement oder Weiterbildung hilfreich eingesetzt.

Polare Präferenzen

Zentrale Bestandteile der Typentheorie sind die Konzepte Polarität und dynamisches Gleichgewicht. Die Spannungen unseres Lebens existieren in Form von Gegensätzen. Jeder entwickelt eine Präferenz für einen der entsprechenden Pole und vernachlässigt den anderen. Je mehr die Präferenz entwickelt und gehegt wird, desto weniger stark wird ihr Gegenpol. Für die psychische Gesundheit ist ein dynamisches Gleichgewicht dieser Präferenzen wichtig. Sie müssen Ihre Präferenzen pflegen und den Gegenpol dabei wahrnehmen.

Der GPOP©

Vier Grunddimensionen

Um die Potenziale der Mitglieder eines Teams identifizieren zu können, arbeiten wir mit dem GPOP© (Golden Profiler of Personality). Der GPOP© misst typische Verhaltensweisen. Auf Basis der Jung'schen Typentheorie wurden vier Grunddimensionen (Grobskalen) ausgewählt, aus denen sich in Kombination 16 unterschiedliche Persönlichkeitstypen ableiten lassen:

Extraversion (Außenorientierung/E)	← →	Introversion (Innenorientierung/I)
Sinneswahrnehmung (S)	← →	Intuitive Wahrnehmung (N)
Analytische Entscheidung (T)	← →	Wertorientierte Entscheidung (F)
Strukturorientierung (J)	← →	Wahrnehmungsorientierung (P)

Unsere Präferenzen zeigen uns den Weg und die Art und Weise, wie wir die Welt wahrnehmen und Entscheidungen treffen. Manche von uns bekommen ihre Energie im Zusammensein mit anderen und treffen sich am liebsten oft mit Freunden (E), andere bevorzugen Spaziergänge in der Stille der Nacht (I). Einige unter uns treffen ihre Entscheidung am liebsten aufgrund genauer Analysen (T), andere entscheiden auf der Grundlage persönlicher Wertvorstellungen (F). Wenn sich die bewusste Aufmerksamkeit auf die Sinneswahrnehmung (S) konzentriert, kann sie nicht gleichzeitig auf die Intuition (N) gerichtet sein – und umgekehrt. Diese unterschiedlichen Neigungen bilden den Kern unserer Reaktionen auf Leute, Aufgaben und Ereignisse, ob diese uns nun anziehen oder abstoßen. Unser Persönlichkeitstyp muss daher nicht nur beschreiben können, was uns zufriedenstellt und anregt, sondern auch, was uns irritiert und frustriert.

Wir unterscheiden eine Wahrnehmung über die Sinne (S) von der intuitiven Wahrnehmung (N).

Wahrnehmende Funktionen

S-Typen nehmen ihr Umfeld hauptsächlich über ihre fünf Sinne wahr:

- Sie arbeiten meist sehr präzise und ordentlich.
- Sie erkennen Einzelheiten genau.
- Sie arbeiten sehr geduldig und mögen Routinearbeit.
- Sie sind in hohem Maße praktisch veranlagt und an der Umsetzung orientiert.
- Sie legen Wert auf Fakten und können sich Detailinformationen gut einprägen.
- Sie irren sich selten in Daten.
- Sie vertrauen ihrer praktischen Erfahrung.
- Sie sind in höchstem Maße realistisch und leben in der Gegenwart.

N-Typen vertrauen ihren Ahnungen – dem sechsten Sinn und der Intuition:

- Sie betrachten die Welt aus einer idealistischen Perspektive.
- Sie erkennen komplexe Zusammenhänge blitzschnell, überfliegen sie und sehen die Verbindungen.
- Sie mögen Metaphern und lieben bildliche Ausdrucksformen.
- Sie irren sich häufig in Fakten, da sie auf Details nicht viel Wert legen.
- Sie sind zukunftsorientiert und langweilen sich mit dem Bekannten und real Existenten.
- Sie hassen Routinearbeit und reagieren ungeduldig, wenn sie stets das Gleiche machen müssen.

Beurteilende Funktionen

Die analytische Beurteilung (T) unterscheidet sich deutlich von der gefühlsmäßigen Beurteilung (F).

T-Typen beurteilen die Dinge analytisch:

- Sie entscheiden hauptsächlich mit dem Verstand.
- Sie treffen Entscheidungen, die auf objektiven, logischen und sachlichen Überlegungen beruhen (Zahlen, Daten, Fakten).
- Sie suchen nach der real existierenden Wahrheit.
- Sie analysieren und strukturieren gern.
- Sie können oftmals ihre Gefühle nicht zeigen.
- Sie sind nicht harmoniebedürftig. Sie wirken daher teilweise verletzend, ohne dies zu merken.

F-Typen beurteilen werteorientiert und subjektiv:

- Sie treffen Entscheidungen, die auf persönlichen Überlegungen und Wertvorstellungen beruhen.
- Sie entscheiden aus dem Bauch heraus.
- Sie legen großen Wert auf Harmonie und auf Beziehungen.
- Sie bringen weniger Leistung, wenn es zu Streitigkeiten kommt.
- Sie brauchen Anerkennung und Lob.

- Sie sind sehr einfühlsam und verständnisvoll.
- Sie sind anderen gern gefällig, auch in nebensächlichen Dingen.
- Sie besitzen eine gute Menschenkenntnis und interessieren sich für andere.

Einstellung zur Außen- oder Innenwelt

Die Pole sind Außenorientierung/Extraversion (E) und Innenorientierung/Introversion (I).

E-Typen beschäftigen sich mit der Außenwelt:

- Sie betrachten andere Menschen als Quelle ihrer Energie.
- Sie geben dem Leben Farbe.
- Sie sind kontaktfreudig und suchen die Interaktion mit anderen.
- Extravertierte fühlen sich einsam, wenn sie nicht mit anderen zusammen sind.
- Sie mögen es, wenn es „rauscht im Karton".
- Sie denken schnell und lieben reibungslose Abläufe.
- Sie handeln oft sehr schnell, manchmal auch ohne zu denken.

I-Typen konzentrieren sich auf die Innenwelt:

- Sie betrachten Stille und Alleinsein als Quelle ihrer Energie.
- Sie konzentrieren sich gern in Ruhe.
- Sie sind sehr zurückhaltend gegenüber anderen.
- Introvertierte bevorzugen die Privatsphäre.
- Ihre Energie stammt aus eigenen Ideen.
- Sie brauchen Zeit zum Nachdenken, bevor sie reden.
- Sie arbeiten gern allein.
- Sie arbeiten sehr sorgfältig am Detail.
- Introvertierte geben dem Leben Tiefe.

Lebensstil

Menschen reagieren höchst unterschiedlich auf die Außenwelt. Einige müssen alles sofort einordnen (J), während andere die Dinge auf sich zukommen lassen (P).

J-Typen beurteilen die Außenwelt:
- Sie haben ein Bedürfnis nach Geschlossenheit.
- Sie wollen Kontrolle über Abläufe haben.
- Sie arbeiten gern mit festen Terminen.
- Zu Beginn einer Arbeit wollen sie nur das unbedingt Notwendige erfahren und interessieren sich nicht für Details.
- Sie sind ergebnisorientiert.
- Sie mögen das Gefühl, eine Arbeit beendet zu haben.
- Wenn eine Entscheidung getroffen ist, ist die Sache für sie abgehakt.
- Sie leisten am meisten, wenn sie nach einem strukturierten Plan arbeiten können.
- Sie können sich erst dann ausruhen, wenn alles erledigt ist.

P-Typen nehmen die Außenwelt wahr, ohne sie sofort einzuordnen:
- Sie mögen sich nicht konkret festlegen und bevorzugen es, Dinge offen zu lassen.
- Sie können gut improvisieren und mit Chaos umgehen.
- Sie sind sehr neugierig und lassen Dinge auf sich zukommen.
- Sie entscheiden sich erst, wenn alle Informationen vorliegen, und wollen alles über ein Projekt wissen.
- Sie ziehen es vor, viele Alternativen im Leben zu haben.
- Sie können sich Veränderungen rasch anpassen und sind äußerst flexibel.
- Sie fangen viele Dinge an – führen diese aber nicht (immer) zu Ende.
- Die Notwendigkeit zur Entscheidung kann für sie Unsicherheit mit sich bringen.
- Sie betrachten festgesetzte Termine lediglich als Richtlinien.
- Sie mögen keine Fremdbestimmung.
- Sie neigen dazu, Routinetätigkeiten und unangenehme Aufgaben aufzuschieben.
- Sie sind am Prozess orientiert.

Jeder Mensch tendiert in jeder Dimension zu einem Pol. Kombiniert ergibt sich dann beispielsweise der Typus ENFP – jemand, der extravertiert auf andere zugeht, seinen Intuitionen folgt, aus dem Bauch heraus entscheidet und sich ungern in ein Schema pressen lässt. Im Weiteren werden wir an geeigneter Stelle in den Beispielen auf diese Typologie verweisen.

Besser kommunizieren

Der Omega-Faulpelz weiß: Es gibt Grundmuster menschlichen Verhaltens. Diese Muster basieren auf unseren individuellen Präferenzen, wie wir wahrnehmen und wie wir Entscheidungen treffen, wie wir psychische Energie tanken und wie wir mit der Außenwelt umgehen. Persönlichkeitsinstrumente helfen, die Komplexität des Seins zu vereinfachen, sodass wir uns und andere besser verstehen lernen. Zudem fällt es leichter, die blinden Flecken der Persönlichkeit zu sehen. Dabei geht es keinesfalls darum, Menschen in Schubladen zu stecken, Omega-Faulpelze lehnen Schubladendenken ab. Sie nutzen Modelle lediglich als Hilfestellung, um aus Schubladen herauszukommen, denn: Je besser wir uns und andere kennen, desto einfacher gelingt es uns, zu entdecken, was uns entspricht und wie wir erfolgreich mit anderen umgehen können. Und das ebnet den Weg zum mühelosen Erfolg in der Selbstwahrnehmung und erleichtert die Kommunikation in Projekten und im Leben. Omega-Faulpelze stellen sich auf den Persönlichkeitstypus ihres Gegenübers ein und holen den anderen emotional dort ab, wo er gerade ist. Dabei sehen sie durch die Augen des Gegenübers und können so mühelos in der Sprache des anderen überzeugen. Insbesondere für die Teamentwicklung sind diese Kenntnisse wichtige Erfolgskriterien, die die Omega-Faultiere brillant beherrschen. Sie nutzen die Verhaltenstypologie beispielsweise sehr erfolgreich in Vertrieb, Marketing oder im Einzelcoaching.

Der GPOP© wird von der Test-Zentrale des Hogrefe Verlags vertrieben. Wer sich näher mit Persönlichkeitsinstrumenten vertraut machen möchte, dem sei das Buch von Dr. Reiner Blank und Prof. Richard Bents *Typisch Mensch* empfohlen.

Reflexionsfragen für Ihr *Tagebuch der Erfolgsgeheimnisse:*

- Höre ich eher auf meine Sinne oder auf meine Intuition?
- Wenn ich mich entscheiden muss, folge ich meistens meinem Verstand oder meinem Bauchgefühl?
- Bin ich gern mit anderen zusammen oder nerven sie mich oft?

Der Weniger-ist-mehr-Erfolgs-Tipp vom Omega-Faulpelz: Entdecken Sie Ihre Möglichkeiten und folgen Sie dem Weg Ihrer Authentizität.

Meilenstein 3: Lass los

„Weniger ist mehr."

VOLKSWEISHEIT

Viele fühlen sich so leer, weil sie so voll sind. Wir haben von allem zu viel: zu viel Arbeit, E-Mails, Meetings, Projekte, Folien, Erwartungen, Sorgenfalten und vollmundige Ankündigungen. Rien ne va plus – nix geht mehr. Wir sind so pappsatt, dass uns jede klitzekleine Anstrengung schon Mühe macht. Die Überfülle der Angebote, Neuigkeiten, vermeintlich interessanten Informationen ist kaum mehr zu bewältigen. So werden wir ständig nach außen gezogen, weg vom eigentlich Wesentlichen – vom Kern unserer Persönlichkeit. Der Omega-Faulpelz hilft sich, indem er loslässt, was er nicht tragen kann. Trennen Sie sich von allem, was Sie bremst und belastet und so von Ihrem Erfolg abhält. Sie werden erfahren, wie viel mehr Energie, Zeit und Kreativität Sie so gewinnen. Seien Sie dabei unkonventionell, werfen Sie alte Hüte weg.

Ordnung schaffen

Aufräumen, Ausmisten ist ein guter Anfang. Es ist kaum zu glauben, was sich über die Jahre in einem Haushalt so alles ansammelt. Sie werden sich wundern, was Sie alles wegwerfen können. Omega-Faulpelze suchen nicht stundenlang nach Dingen, sondern wissen genau, wo was liegt. Das spart Zeit und Nerven. Zu Hause wie im Büro. Was für Urlaubspostkarten oder Zeitschriften von anno dazumal gilt, das gilt genauso für alte Akten und Dateien von lange abgeschlossenen Projekten. Neulich war ich auf einem „Ordnungs-Seminar" von Edith Stork, einer der maßgeblichen Beraterinnen für Büro-Organisation. Es hat sich gelohnt. Wer Ordnung hält, gewinnt viel Zeit für die Dinge, die ihm wichtig sind, und muss nicht unnötig nach Kleinigkeiten suchen.

Lebensmüll entsorgen

Loslassen sollten Sie auch im übertragenen Sinne alles, was Sie behindert. Wenn Sie alten Ballast ständig mit durchs Leben schleppen, dann ist das, als ob Sie permanent mit einer Eisenkugel am Bein durch die Welt schlurfen. Denn die Vergangenheit wiegt schwer. Verzichten Sie auf Lebensmüll, der Sie belastet, und klebrige Erfahrungen, die Sie unbeweglich machen. Was ist Ihr *Los?* Was können Sie lassen? Abgestandene Freundschaften, vergilbte Erfahrungen, verstaubte Ansichten, verrostete Einstellungen oder schale Gespräche? Wenn Sie sich davon trennen, ist wieder Raum für Neues da. Wie ein geölter Blitz kommen dann die kreativen Ideen ins Hirn. Und genau diese Ideen nutzt der Omega-Faulpelz als Startrampe zum Erfolgreich-Sein. Faulheit siegt. – Das süße *Nichts-Tun* in Vollendung wird Sie dazu führen, *alles* zu erreichen.

Ex it! – Weg mit dem Informationsmüll!

Beispiel: Tagesschau

Nach einem anstrengenden Tag setzt sich Martin Müller vor den Fernseher, um von der Last des Tages abzuspannen. Er gönnt sich leichte Kost – die Tagesschau. In dieser täglichen Show im öffentlich-rechtlichen Fernsehen bekommt er dann – in der ersten Reihe sitzend – den Rest des Tages serviert: verheerende Waldbrände in Griechenland, Tornado in Florida, AIDS-Kranke in Afrika, Busunglück mit 18 Kindern in Österreich, Banküberfall in Italien, Attentat im Irak, Amoklauf eines Vaters in Bochum, DAX-Verfall um 15 Prozent. Eine deutsche Bank macht ernst mit dem Slogan „Leistung, die Leiden schafft" und entlässt weitere 6000 Mitarbeiter. Und das Wirtschaftsgutachten der sieben Greisen sagt ein Wachstum von 1,5 Prozent voraus. Zum Glück kommt dann endlich Fußball: Sein Verein hat gewonnen – wenigstens ein Highlight an diesem Tag. Dann noch kurz die Wettervorhersage: Es bleibt kalt – ansonsten Regen, Regen, Regen. Eine geruhsame Nacht, Deutschland.

Solche Informationen nützen uns nichts. Sie tragen nichts zu unserem Erfolg oder Lebensglück bei. Die grausamen, zumindest negativen Bilder und Töne fressen sich in unser Bewusstsein. Angst- und Schreckensszenarien schaden nach wissenschaftlichen Untersuchungen nicht nur der Seele, sondern auch dem Körper. Die Berieselung damit schürt die Angst und treibt uns den eigenen Optimismus und die Lust am Leben aus. Wen wundert es da, dass die Zahl der Depressiven permanent zunimmt?

Übung:

Was haben Sie in der Zeitung von vor drei Tagen gelesen? Bitte schreiben Sie alles auf, was Ihnen so einfällt – alles, vom politischen Teil über Wirtschaft, Feuilleton, Reise, Karriere, Sport, Vermischtes bis zu Wetter und Anzeigen – einfach alles. Und jetzt schreiben Sie bitte alles auf, was Ihnen zu dem einfällt, was Sie vor zwei Tagen in der Zeitung gelesen haben. Wenn Sie dies gemacht haben, schreiben Sie bitte auf, was Sie gestern in der Zeitung gelesen haben. Bitte ebenfalls alles, an das Sie sich noch erinnern. Und? Sie werden erstaunt sein, wie viel Sie noch wissen – oder auch nicht.

____

____

____

____

____

____

____

Doppel- und Dreifachinformationen vermeiden

Die Halbwertszeit des Kurzwissens ist individuell verschieden – dennoch stellt sich die Frage nach Sinn und Unsinn der täglichen Zeitungslektüre. Sie wollen informiert sein. Ein gutes und wichtiges Argument. Doch die wichtigsten Informationen erhalten Sie auch in den fünfminütigen Nachrichten im Radio oder Fernsehen. Viele Menschen lesen Zeitung, hören Radio, informieren sich im Internet und schauen auch noch die Nachrichten im Fernsehen. Wozu die Doppel- und Dreifachberieselung mit exakt den gleichen Informationen?

Szenario: Was Sie stattdessen tun könnten

Lassen Sie uns gemeinsam in den kreativen Möglichkeitsraum gehen. Angenommen, Sie lesen täglich 30 Minuten in Ihrer Tageszeitung. Das sind bei 220 Werktagen 110 Stunden. Und weiter angenommen, Sie surfen jeden Tag 30 Minuten un-

fokussiert durch die endlosen Dimensionen des Internets. Das sind weitere 110 Stunden im Jahr. Und Sie schauen jeden Tag 60 Minuten auf die Mattscheibe Ihres Fernsehers. Das sind bei 220 Werktagen noch einmal 220 Stunden. Überlegen Sie, was Sie so alles in 440 Stunden machen könnten, anstatt sich die Finger mit Druckerschwärze zu beschmieren und sich passiv die Augen zu beflimmern. Angenommen, Ihr größter Wunsch ist es, einen Krimi oder einen Roman zu schreiben. Wenn Sie in einer Stunde eine Seite Inhalt zu Papier bringen, könnten Sie in 440 Stunden 440 Seiten Manuskript tippen. Und dies ist kreativer und bringt Sie Ihrem Erfolg näher, als sich reaktiv und passiv mit Informationen voll stopfen zu lassen – zum Teil sogar mit Informationen, die Sie vielleicht gar nicht hören oder sehen wollen.

Zeit durch Medienabstinenz

Wir können unser Leben auf dem warmen Sofa vor der Glotze verbringen und uns imaginär aus der Bildröhre befriedigen lassen oder die Regie für unser Leben selbst in die Hand nehmen und unsere Talente entfalten. Nach internationalen Studien sitzen Menschen in den USA durchschnittlich 40 Stunden wöchentlich vor dem Fernseher – das ist die gleiche Zeit, die sie mit Arbeit verbringen. Lassen Sie sich nicht von den flimmernden Filmkonserven einlullen, sondern machen Sie Platz für Ihre eigenen mentalen Bilder. Um diese kreativen Quellen anzuzapfen, gönnen Sie sich eine gewisse Zeit Medienabstinenz.

Mails & More

Nehmen Sie schon teil am Vielmailerprogramm Mails & More? Haben Sie vielleicht bereits den Senator-Status im Mails & More-Programm erreicht? Diesen erlangen Sie, wenn Sie im Jahr mehr als 30.000 (bei 220 Arbeitstagen) oder mehr als 150 E-Mails täglich erhalten und versenden. Sie bekommen dann einen kleinen roten Leder-Anhänger, in den Sie Ihre goldene E-Mail-Senator-Card hineinstecken und an Ihren Koffer anbinden können. Jeder wird sehen, wie wichtig Sie sind.

Der Mails & More-Check zur Selbsteinschätzung

Übung:

Wie steht es mit Ihnen? Gehören Sie auch zur Spezies der Vielmailer? Der nachfolgende Test gibt Ihnen Hinweise, ob Sie Vielmail-gefährdet sind. Lesen Sie sich die Aussagen in Ruhe durch und kreuzen Sie die Möglichkeit an, die Ihnen Ihrer Meinung nach am ehesten entspricht.

Die Vergabe der Punktwerte zum Mails & More-Check erfolgt nach folgender Skalierung:

	Stimmt immer 6 Punkte	**Stimmt häufig 4 Punkte**	**Stimmt ab und zu 2 Punkte**	**Stimmt gar nicht 0 Punkte**
Morgens schalte ich erst einmal mein Notebook an und frage die E-Mails ab.	☐	☐	☐	☐
Ich schaue bei jeder eingehenden E-Mail nach, wer mir geschrieben hat und worum es geht.	☐	☐	☐	☐
Ich beantworte jede E-Mail sofort.	☐	☐	☐	☐
Unterwegs beantworte ich E-Mails über die Tastatur meines mobilen Telefons, so weiß ich immer, was Sache ist.	☐	☐	☐	☐
Ich habe Angst, in den Urlaub zu fahren, weil ich danach über 600 E-Mails im Eingangskorb haben könnte.	☐	☐	☐	☐

	Stimmt immer 6 Punkte	Stimmt häufig 4 Punkte	Stimmt ab und zu 2 Punkte	Stimmt gar nicht 0 Punkte
Wenn ich nach Feierabend zu Hause angekommen bin, bin ich spätestens nach dem Essen wieder online.	☐	☐	☐	☐
Ich werde schier verrückt, wenn ich nicht online sein kann.	☐	☐	☐	☐
Die Kommunikation mit meinem Partner funktioniert meist online.	☐	☐	☐	☐
Auf einer Geschäftsreise erkundige ich mich im Hotel erst einmal danach, was die Flatrate für den Internetzugang kostet.	☐	☐	☐	☐
Sollte ich einmal nicht online sein, bin ich über meinen Pocket-PC oder mein Blackberry jederzeit und immer erreichbar.	☐	☐	☐	☐
Ich habe schon seit langem keinen Brief mehr geschrieben.	☐	☐	☐	☐
Auswertung	☐	☐	☐	☐
Gesamtpunktzahl:				

Auswertung: Je höher Ihre Punktzahl, desto stärker sind Sie Vielmail-gefährdet. Sollte dem so sein, gönnen Sie sich eine schöpferische Pause und gehen Sie mal offline!

Der Nachurlaubsschock

Stellen Sie sich vor, Sie kommen gut gelaunt aus dem wohlverdienten Sommerurlaub zurück. Sie haben sich bestens erholt und freuen sich bereits auf all die freundlichen Ansagen nach dem Piepton auf Ihrem Anrufbeantworter und auf die Stapel an Briefen von Banken, Versicherungen und sonstigen Leuten, die Sie gern informieren und Ihnen Ihr Geld aus der Tasche ziehen möchten. Und dann gibt es natürlich auch noch die elektronischen Informationen. Sie klappen Ihr Notebook auf und schalten es ein. Langsam steigt die Herzfrequenz – jetzt verbinden Sie sich über das Kabel zu Ihrem DSL-Anschluss und – schwuppdiwupp sind Sie drin … Da rollt auch schon die erste 5 MB hohe Tsunami-Welle auf Sie zu und überflutet Ihre gerade vor dem Urlaub aufgeräumte Mailbox. Ich habe Menschen kennen gelernt, die Angst davor haben, in den Urlaub zu fahren, weil sie E-Mail-bedingt danach in ein tiefes Depressionsloch fallen. Auf einmal verschwindet die Bräune im Gesicht.

Welche Lösungsalternativen bieten sich an?

1. Sie nehmen Ihr Notebook mit in den Urlaub und beschäftigen sich zehn Stunden am Tag mit E-Mails. So kommen Sie nicht aus der Übung und bleiben auch im Urlaub stets auf dem neuesten Stand des (Nicht-)Wissens in Ihrer Firma. Diese Methode wird vom angepassten Alpha-Manager favorisiert.

2. Sie schmeißen das Notebook aus dem Fenster und melden es der Haftpflichtversicherung. So haben Sie ein paar Tage Verschnaufpause. Leider liegen die E-Mails auf dem Server und können nicht kaputtgehen. Diese Methodeist weder intelligent noch konstruktiv. Sie wird vom destruktiven Delta-Worker bevorzugt.

3. Sie machen Ihre Mailbox so voll, dass Ihnen niemand mehr eine E-Mail schicken kann. So könnten Sie sich selbst vor dem Urlaub sagen wir einmal 200 MB in die Inbox schicken, sodass der Server in die Knie geht. Diese Methode funktioniert, ist aber nicht brillant, da sie nicht intelligent, sondern destruktiv ist – ebenfalls etwas für den Delta-Typen.

4. Sie löschen Ihre Inbox nach dem Urlaub – nach der Devise: Wichtige E-Mails werden sicher ein zweites Mal gesandt. Diese Lösung favorisieren viele Omega-Faulpelze. Sie erkennen stets das Wesentliche im Wust der Informationen und sind Meister im Weglassen und Auf-Lücke-Lesen.

Kreativ-intuitive Omega-Faulpelze sind immer über alles informiert und mit der Welt und dem Kosmos verbunden. Sie ignorieren keine E-Mails, sondern surfen auf den Informationsfluten. Sie haben Filtersysteme aufgebaut, die ihnen helfen, wenige, aber gezielte Informationen an sich heranzulassen.

Tipps gegen Berieselung

Je *weniger* Berieselung von außen, desto *mehr* Zeit für das Wesentliche. Hierzu ein paar Vorschläge – mehr oder weniger ernst gemeint:

- Werfen Sie die Werbung in Ihrem Briefkasten sofort in den Müll. Werbung raubt Ihnen Lebenszeit.
- Verklicken Sie Ihr Leben nicht im Internet, sondern surfen Sie gezielt auf den unendlichen Wellen des World Wide Web.
- Reduzieren Sie Ihren Fernseh- und Radiokonsum. Machen Sie lieber etwas Aktives.
- Schreiben Sie Einkaufszettel und kaufen Sie nur das, was darauf steht. Das spart Zeit und vermeidet den Entscheidungskonflikt, einer Versuchung widerstehen zu müssen.

- Bestellen Sie Ihre Zeitungen und Zeitschriften einfach ab. Was Sie wirklich lesen wollen, können Sie sich auch einzeln bestellen, kaufen oder ausleihen.
- Legen Sie Zeiten fest, an denen Sie Ihre Mail-Box durchsehen. Lassen Sie eingehende Mails vorsortieren und in Ordner ablegen. Achten Sie auf einen guten Spam-Filter.

Hinweis: Notieren Sie in Ihrem *Tagebuch der Erfolgsgeheimnisse* vier Wochen lang die Stunden, die Sie am Fernseher, im Internet oder mit Zeitungslektüre verbringen.

Reflexionsfragen für Ihr *Tagebuch der Erfolgsgeheimnisse:*
- Habe ich häufiger das Gefühl, nichts geschafft zu haben? Warum?
- Was könnte ich tun, statt fernzusehen, Zeitung zu lesen oder im Internet zu surfen?

Der Weniger-ist-mehr-Erfolgs-Tipp vom Omega-Faulpelz: Nahsehen ist besser als Fernsehen. Ersetzen Sie Television durch eigene Visionen.

Die Firewall gegen Arbeitseifer installieren

Die meisten Büromenschen schreiben täglich To-Do-Listen. Das sind Zettel oder Dateien, auf denen sie fleißig notieren, was sie am Tag oder in der Woche so alles machen wollen. Terminkalender sollen dabei helfen, diese Arbeit zeitlich einzuteilen. Die Wahrheit ist, dass Terminkalender nicht helfen, sondern im Gegenteil eher Stress auslösen. Möglicherweise sind Sie sicher in der effizienten Planung Ihrer To-Do-Liste und in der Abarbeitung der Aktivitäten im Terminkalender. Doch wie gut haben Sie Ihre Not-to-Do-Liste organisiert?

Das gelassene Nichts-Tun ist für intelligente Faulpelze eine Selbstverständlichkeit – für Arbeitshamster jedoch schwer zu begreifen.

Das süße Nichts-Tun kultivieren

Anfang Januar letzten Jahres war ich als Vortragender beim Club of Amsterdam eingeladen. Um Stress zu vermeiden, bin ich bereits am Vortag angereist. Nachdem ich genüsslich ausgeschlafen hatte, habe ich in einem italienischen Café einen türkischen Mokka getrunken, Schweizer Schokolade genascht und in Gedanken meine englische Präsentation für die Holländer vorbereitet. So weit die Arbeitsversion. Was habe ich in Wirklichkeit getan? Gar nichts. Ich habe lediglich in einem italienischen Café einen türkischen Mokka getrunken, Schweizer Schokolade genascht und gar nichts gemacht. Diese Entspannung ist die beste Vorbereitung auf die Präsentation gewesen. Ich habe mich nicht konzentriert, sondern war lediglich achtsam und präsent, habe ein paar Postkarten mit eisgekühlten Grüßen aus dem zitterkalten Amsterdam geschrieben an Menschen, die mir wichtig sind – sonst aber absolut nichts. Dann bin ich zur Konferenz gefahren, habe mir einige andere Vorträge angehört, habe währenddessen ein paar Folien aus alten Präsentationen zusammengestellt und blieb absolut anstrengungsfrei und gelassen. Das Wichtigste war, dass ich eine Menge Kontakte habe knüpfen können, die für die Ankurbelung weiterer Aufträge bedeutsam waren, anstatt in irgendwelchen internen Conference-Calls meine Lebensenergie zu verschwenden.

Deutlich Nein sagen

Sagen Sie radikal Nein, wenn jemand zur Tür hereinkommt und es auch nur im Entferntesten nach harter Arbeit riecht. Wenn Omega-Faulpelze zum Beispiel von einem High-Potential-Kollegen aus einer anderen Abteilung angerufen werden, der jemanden braucht, an den er Arbeit abgeben kann, sorgen sie dafür, dass der andere sofort versteht: Sie dürfen jetzt auf keinen Fall gestört werden. Der Faulpelz sagt dann etwa Folgendes: Er sei gerade auf dem Weg zu einem hammerharten Meeting, um über ein wichtiges Strategiepapier zu diskutieren, welches er in geheimer Mission für die Holding ausarbeiten müsse. Dann schwingt er sich in sein Auto oder aufs Rad und fährt in das nächste Thermalbad. Dort geht er in die Sauna, um in Ruhe über seinen Erfolg nachdenken zu können.

Aus-Zeiten nehmen

Erarbeiten Sie eine Burn-out-Firewall und sorgen Sie für Energie-Protektoren, damit Sie abends nicht wie ein ausgewrungener Lappen nach Hause kommen. Bauen Sie einen proaktiven Virenschutz ein gegen die Gefahr der Ansteckung mit dem Hektik-Virus. Ein effektiver Schutz ist das Nicht-Mitmachen. Kultivieren Sie Ihre persönlichen Aus-Zeiten, in denen Sie mobiles Telefon, Notebook, Fernseher ausschalten. Jegliches Gequassel, Gebrabbel, Geklingel und Geflimmer hält Sie nur davon ab, erfolgreich zu sein.

Ein kreativ-intuitiver Faulpelz aus Italien, mittlerweile Senior Vice President im Marketing eines internationalen Automobilkonzerns, hat dies perfektioniert: Er hasst Telefonkonferenzen und ist europaweit viel unterwegs. Seine besten Ausreden: „Die Batterie von meinem mobilen Telefon ist leer“ oder „Ich dachte, der Call wäre CET und nicht UK-Time“. So irrt er sich leider oft in der Zeitzone und kann so die Zeit für andere Dinge sehr effektiv nutzen.

Bauen Sie eine kreative Arbeitssperre ein und werden Sie High-End-Performance-Künstler im Nix-Machen – Muße ist ein Quell frischer Lebensenergie. Der Brunnen der Erkenntnis lehrt uns: In der Ruhe liegt die Kraft – für den Weg zum Erfolgreich-Sein.

Abstand wahren

Für Projektmanagementaufgaben wie für alles andere gilt: Ihr Erfolg entsteht nicht dadurch, dass Sie als schweißgebadete Krisenreaktionskraft, mobile Eingreiftruppe und Feuerwehrmann in einem Brandherde löschen, sondern indem Sie Brände verhindern. Und das geschieht nicht mit dem Feuerwehrhelm oder dem Löschgerät, sondern durch vorausschauende Planung, die einen Brand gar nicht erst entstehen lässt. Ferner durch distanziertes Beobachten der Situation, um gezielt und effektiv handeln zu können. Die Erstmaßnahme ist immer die Frage: Was ist wirklich wichtig? Um besser sehen zu können, brauchen Sie Abstand. Blicken Sie von oben auf das Getümmel und lassen Sie sich nicht in den Strudel der Betriebsamkeit hineinziehen.

Sinnvoll delegieren

Überlegen Sie sich stets: Gibt es jemand anderen, der etwas ebenso gut oder sogar besser erledigen könnte als Sie? Delegieren Sie – frech und unkonventionell, halten Sie sich von arbeitsreichen Tätigkeiten fern und surfen Sie lieber auf der Welle der wesentlichen Informationen, die Sie zur rechten Zeit brauchen. Die meisten Dinge laufen auch ohne uns, manchmal ist Nichthandeln besser als Handeln. Vieles erledigt sich von alleine. Sie müssen nicht bei jeder Besprechung dabei sein oder in jeder Telefonkonferenz durch Anwesenheit glänzen.

Mentalen Schrott entsorgen

Auch Gewohnheiten und Gedanken belasten bisweilen in starkem Maße. Wie Sie hinderliche Glaubenssätze loslassen und so Ihre Grenzen erweitern können, zeigen Ihnen die Faulpelze beim nächsten Meilenstein.

Reflexionsfragen für Ihr *Tagebuch der Erfolgsgeheimnisse:*

- Was mache ich morgen als Erstes nicht?
- Welche Besprechung sage ich zuerst ab?
- Welche Arbeit könnte ich erfolgreich an wen delegieren?

Der Weniger-ist-mehr-Erfolgs-Tipp vom Omega-Faulpelz: Was du heute kannst entsorgen, das verschiebe nicht auf morgen.

Meilenstein 4: Betritt Möglichkeitsräume und erfinde dich selbst neu

„In unserer Bereitschaft, ins Unbekannte zu treten, ins Feld aller Möglichkeiten, geben wir uns dem kreativen Geist hin, der den Tanz des Universums bestimmt."

DEEPAK CHOPRA, INDISCHER ARZT

Erfolg ist die Folge Ihrer Vorstellungen und Entscheidungen, die in wertegeleitetes und sinnvolles Handeln münden. Sie können niemals weiter gelangen, als Ihre Vorstellungskraft reicht. Wenn Sie es schaffen, Ihre Vorstellungs-*Kraft* jenseits des Realitätssinns zu vergrößern, um neue Möglichkeitsräume zu betreten, vervielfachen sich Ihre Perspektiven und Ihre Aussichten auf Erfolg. Nur wer groß denkt, kann Großes tun. Aber viele sind gefangen in erlernten Mustern. Sie halten sich für klein, weil sie von Kindheit an auf Grenzen gestoßen sind. Elternhaus und Schule haben ihnen vermittelt: Das Leben ist kein Zuckerschlecken. Du musst dich anstrengen und dich selbst stets zurücknehmen. Wer klein denkt, handelt auch klein. Aber das muss nicht so bleiben.

Die Forschung belegt: Veränderung ist möglich

Neueste Forschungsergebnisse aus der Neurophysiologie und der Quantenphysik machen deutlich, dass unser Selbst nicht festgelegt ist und wir nicht lediglich in einer determinierten Bahn laufen, sondern dass wir die Möglichkeit haben, uns jederzeit neu zu erfinden und anders zu entscheiden, wer wir sind und was wir machen wollen.

Am Scheideweg – Leben zwischen Holzweg und Erfolgsweg

Im Leben können wir wählen zwischen dem Holzweg und dem Erfolgsweg. Wer seinen inneren Zielen nachlebt und diese mit seinen Talenten in Einklang bringt, der geht auf dem Erfolgsweg – so wie der Omega-Faulpelz. Doch nur wenige machen das, was ihnen entspricht. Viele führen ein Leben mit (selbst) angezogener Handbremse. Diese Menschen sind auf dem Holzweg. Anstatt den eigenen Fähigkeiten freien Lauf zu lassen, bringen sie noch Kraft auf, um sie zu unterdrücken. Dabei brauchen wir uns gar nicht anzustrengen, um den Erfolgsweg einzuschlagen. Die kreativen Omega-Faulpelze machen es vor: Wenn Sie Ihrer Vision und Ihrem Fokus folgen, brauchen Sie nur mit dem Leben mitzugehen – statt gegen sich und die Umstände anzukämpfen –, um auf Erfolgskurs zu kommen.

Vielleicht fragen Sie sich, ob Sie schon auf dem richtigen Weg sind.

So sind Sie auf dem Holzweg

Dass Sie bisher auf dem Holzweg gehen, erkennen Sie unter anderem daran, dass

- Sie eine tiefe Leere spüren, die an Ihren Magenwänden nagt, wenn Sie an Ihre Arbeit und Ihr Leben denken;
- Sie unter der Last des Berufsalltags zusammenbrechen oder krank davon werden;
- Sie permanent Überstunden machen oder sich für unentbehrlich halten;
- Sie hinterhältig oder gar intrigant sind oder Ihre Macht einsetzen, um anderen zu schaden;
- Sie anderen mit Neid und Hass begegnen;
- Sie in Teams eher rivalisierend auftreten (ich gewinne, du verlierst);
- Sie sich den Umständen gegenüber ausgeliefert fühlen;
- Sie zu Machtkämpfen und Aggressionen neigen;
- Arbeit für Sie etwas Anstrengendes ist, das man nun mal hinter sich bringen muss;
- Sie notwendigen Erneuerungen und Veränderungen ausweichen;
- Sie Höhepunkten nachjagen und auf Anerkennung durch andere angewiesen sind;
- Sie körperliche Symptome zwar wahrnehmen, diese aber mit Medikamenten unterdrücken oder ausschalten;
- Sie überall Schwierigkeiten und Probleme sehen;
- sich Ihre Gedanken permanent im Kreise drehen;
- Sie sich in Scheinwelten oder in Arbeits-Sucht oder andere Süchte flüchten.

So sind Sie auf dem Erfolgsweg

Dass Sie den schöpferischen Erfolgsweg beschreiten, merken Sie zum Beispiel daran, dass

- alles leicht und anstrengungsfrei geht – Sie surfen einfach auf der Welle, die gerade kommt, oder tanzen mit dem, was sich als Ereignis zeigt;
- Sie Ihren Lebensrhythmus nach Ihren eigenen Maßstäben ausrichten;

- Sie mutig und offen Ihren Einfluss vergrößern und alles tun, was in Ihrer Macht (Gestaltungsfähigkeit) steht;
- Sie anderen mit Liebe und Offenheit begegnen;
- Sie in Teams nach Synergien suchen und kooperativ eingestellt sind (du gewinnst und ich gewinne);
- Sie Schmetterlinge im Bauch haben und Sie sich prächtig fühlen;
- Sie Verantwortung für Ihr Leben übernehmen;
- Sie sinnvoll mit Ihren Ressourcen und Ihrer Zeit umgehen;
- Sie Herausforderungen spielerisch und tänzerisch begegnen;
- Sie Lust auf Neues und Unbekanntes haben;
- Sie nach Autonomie streben;
- Arbeit für Sie ein Abenteuerspielplatz für Erwachsene ist, auf dem Sie sich hervorragend austoben können;
- Sie mehr Chancen als Probleme sehen;
- Sie sich Gedanken über Ihre innere Wahrheit machen;
- Sie sich dem Fluss des Lebens hingeben und dennoch geerdet bleiben.

Typische Unterschiede zwischen Holzweg und Erfolgsweg

Thema	**Holzweg**	**Schöpferischer Erfolgsweg**
Einstellung zum Leben	Das Leben ist schwierig.	Das Leben ist ein Geschenk.
Bauchgefühl	Leere	Vibrationen, Schmetterlinge im Bauch
Vorgehen	Strukturiert, eins nach dem anderen	Offen für Neues, filtert das Wesentliche heraus
Metapher	Fels in der Brandung	Surfer auf der Welle des Lebens
Zusammenarbeit	Konkurrenz – ich gewinne, du verlierst (Win-lose)	Gemeinsam sind wir erfolgreich – beide gewinnen (Win-win)
Gefühl	Hass / Neid / Missgunst	Liebe

Thema	Holzweg	Schöpferischer Erfolgsweg
Einstellung zu Körper und Gesundheit	Unterdrückt körperliche Symptome	Fördert die eigene Gesundheit
Durchführung	Es ist anstrengend.	Es geht ganz leicht, wie von selbst.
Spaßfaktor	Arbeit ist etwas Ernstes.	Arbeit ist ein Riesenspaß und Abenteuerspielplatz für Erwachsene.

Mit Leicht-Sinn Neues wagen

Viele träumen nur davon, einmal das zu tun, was sie wirklich möchten, tun es aber doch nicht – manchmal nie. So verpuffen Zeit und Energie – ohne dass sie den ersten Schritt in Richtung ihres persönlichen Erfolges gehen. Denn auch der Erfolgsweg beginnt mit dem ersten Schritt. Es ist gut, einfach anzufangen, etwa damit, dass man etwas Neues ausprobiert. Uns wurde leider anerzogen, dass neugieriges Unbeschwert-drauflos-Leben gefährlich ist. Vielen Eltern macht es Angst, wenn Kinder Risiken eingehen und sich etwas Neues zutrauen. Überall sind Schilder aufgestellt: „Zutritt strengstens verboten – Lebensgefahr.“ Verantwortung, Pflichtbewusstsein und Sicherheitsdenken haben die kindliche Unbeschwertheit verloren gehen lassen. Der Leicht-Sinn dagegen ist eine spielerische Komponente, sich selbst und Neues um sich herum auszuprobieren: Mal sehen, was passiert. Genau darum geht es doch im Leben – dass wir mit den Möglichkeiten spielen, damit wir testen können, wer wir sind und was uns wirklich entspricht. Die wohldosierte Leichtigkeit des Seins setzt Vertrauen und Mut voraus. Je mehr wir uns vertrauen und trauen, Unbekanntes auszuprobieren, desto sicherer können wir uns fühlen.

Wann haben Sie sich zuletzt etwas ganz Neues vorgenommen, was für Sie Sinn-voll war? Das kann eine Wanderung durch die Wüste, die Überquerung eines hohen Berges oder etwas ganz anderes – vielleicht etwas ganz Einfaches – sein, was Sie vorher noch nie gemacht haben. Dabei entdecken Sie sich selbst neu. Und diese Erfahrung können Sie überall nutzen, auch für Ihren beruflichen Erfolg. Denn Sie werden erleben, dass „es geht", dass etwas möglich ist, von dem Sie bisher geglaubt haben, es läge außerhalb Ihres Horizonts.

Vielleicht schreiben Sie in Ihrem *Tagebuch der Erfolgsgeheimnisse* ein Kapitel über das neugierige Unbeschwert-drauflos-Leben und Ihre Art von Leicht-Sinn. Überhaupt schreiben Sie bitte alles auf, was Ihnen zum Thema Sinn einfällt.

Reflexionsfragen für Ihr *Tagebuch der Erfolgsgeheimnisse:*
- Wie kann ich mir täglich mehr Leicht-Sinn und Schwerelosigkeit gönnen?
- Was ist Sinn für mich?
- Was könnte ich einmal ausprobieren?
- Was wünsche ich mir sehnlichst?

Der Weniger-ist-mehr-Erfolgs-Tipp vom Omega-Faulpelz: Die wunderbare Leichtigkeit des Seins befördert Sie direkt auf den anstrengungsfreien Erfolgsweg.

Mit Leicht-Sinn Regeln brechen und Grenzen überschreiten

Eine neue Lebens-CD einlegen

Unser Charakter wird in einem hochkomplexen Zusammenspiel von Genetik, Umwelt, Wissen, Erfahrung und erlernten Glaubenssätzen geformt. Die Prägung der individuellen Persönlichkeit und deren Modulation im Lauf des Lebens kann jedoch nicht hinreichend durch linear-analytische Ursache-Wirkungs-Zusammenhänge beschrieben werden. Unsere Psyche entzieht sich der rationalen Dimension. Jeder von uns weiß, wie schwierig es ist, unliebsame Gewohnheiten und Verhaltensweisen zu ändern. Lebenslang antrainiert, sind sie tief verwurzelt und an Emotionen und Erfahrungen gekoppelt. Doch es bedarf manchmal nur einer kleinen Änderung der eigenen Vorstellungen, um das Glaubenssystem zu erschüttern. Dieses Glaubenssystem funktioniert wie eine CD, die 24 Stunden in unserem Kopf spielt – immer die gleiche Melodie –, seit Jahren, Tag ein Tag aus. Diese CD entspricht Ihren neuronalen Verschaltungen. So, wie Sie Ihr Leben empfinden und wie Sie zum Leben eingestellt sind, ist es auf der CD abgespeichert. Für eine erfolgreiche Weiterentwicklung nehmen Sie einfach die alte CD aus Ihrem Lebens-CD-Player und legen eine neue ein. Diese neue CD beschreiben Sie dann mit kraftvollen, energiereichen und starken Vorstellungen. Das bedeutet, dass Sie Ihr neuronales Netz neu trainieren, sodass sich die synaptischen Verschaltungen ändern können. Überlegen Sie sich, was Ihnen in Ihrem bisherigen Leben fehlt, was Ihnen Spaß macht und was Sie sich wünschen, wie und wer Sie sein wollen.

Sich neu erfinden

Sie haben die Freiheit zu wählen, ob Sie Ihren Lebensweg mit Freude, Spaß und Erfolg gehen oder einen problematischen Leidensweg vorziehen. Immer, wenn Sie an eine innere oder äußere Grenze oder ein Hindernis kommen, an dem „Betreten verboten“ steht, dürfen Sie sich neu und anders entscheiden. Sie dürfen alte Glaubenssätze abwählen und dem Leben eine neue Richtung geben. Niemand kann Ihnen hierzu die Erlaubnis geben – außer Ihnen selbst.

Eine Frau sagte mir in einem Seminar, sie fühle sich wertlos, wie eine graue Maus. Ich antwortete ihr, sie solle in den Spiegel schauen. Sie war gar keine graue Maus, sondern eine gut aussehende Frau, die unter ihren selbst gebastelten negativen Glaubenssätzen litt. Ich bat Sie danach nach vorn und fragte sie, ob sie mit drei Bällen jonglieren könne. „Um Gottes willen, so etwas Schwieriges kann ich nicht", erwiderte sie. Ich fragte, ob sie es denn schon einmal probiert hätte. Sie verneinte. Ich sagte ihr dann, wie sie denn sagen könne, dass sie nicht jonglieren kann, wenn sie es noch nie probiert hätte. Übrigens ist das Jonglieren ganz leicht, wenn man weiß, wie es geht.

Jeder von uns weiß, dass wir unsere Grenzen leichter erreichen als unsere Ziele. Dies hat wiederum damit zu tun, wie eng wir unsere Grenzen stecken und was wir uns selbst vorstellen und zutrauen. Der Erfolgs-Radius korreliert mit den eigenen Wahrnehmungs-, Denk- und Bewusstseinsgrenzen. Viele leben, als wenn ihnen jemand wie einem Hofhund eine Kette oder ein Seil um den Hals gebunden hätte. Sie bewegen sich nur im Radius der Kettenlänge. Übertragen bedeutet dies, dass nicht eintreten kann, was wir nicht in unserem Bewusstsein haben. Wir interpretieren Situationen nach unserem Vorverständnis aus Erfahrungen, Prägungen und Wissen. Unsere Erwartungen bestimmen, was wir tatsächlich im Leben erhalten, ob wir erfolgreich sind oder eben nicht. Wenn wir klein denken, bleiben wir klein. Wenn wir riesig groß denken, sind wir nicht beschränkt und können grenzenlos wachsen. Je größer Engstirnigkeit, Anstrengung und Konzentration ausgeprägt sind, desto kleiner ist der Lebens-Erfolg. Doch wir können uns ändern, denn nichts muss so bleiben, wie es ist. Entweder wir nehmen das Halsband ab oder wir sägen die Kette durch.

Das Haltbarkeitsdatum von Regeln

Letztlich sind alle Grenzen Aufforderungen an uns, sie zu überschreiten. Mit dem Brechen familiärer Regeln („tu dies nicht, tu das nicht") sprengen wir die Grenzen, die früher einmal zu unserem eigenen Schutz gesetzt wurden. In unserer Kindheit hatten bestimmte Verhaltensweisen einen Sinn. Mittlerweile sind wir erwachsen. Dennoch verhalten wir uns immer noch oft nach Regeln, aus denen wir längst herausgewachsen sind. Sie dürfen die inzwischen viel zu klein gewordene Kindrolle verlassen und in die Rolle des eigenverantwortlichen Erwachsenen hineinschlüpfen. Sind die Lebenskonzepte, die auf Ihren Glaubenssätzen aufbauen, noch tauglich für die Gegenwart? Bedarf es einer Korrektur Ihrer Lebensflugbahn? Sie können Neuland – nicht nur des Denkens – betreten. Schauen Sie auf das Haltbarkeitsdatum Ihrer Regeln und verwandeln Sie selbst inszenierte Einschränkungen in Möglichkeiten.

„Alles geht" bedeutet, dass „alles geht". Die Werbung macht es uns täglich vor: „Everything is possible" – dieser Slogan ist geradezu genial. Es lohnt sich, die Stäbe des eigenen Käfigs zu brechen. Aufgeschlossenheit ist die beste Therapie gegen die Begrenztheit des Denkens – wir schließen die Tore der Begrenzung einfach auf. Wenn wir uns bewusst werden, dass Grenzen willkürlich gesteckt sind, können wir sie auch locker überwinden und neu und anders leben. Und das geht ganz einfach und anstrengungsfrei. Sie brauchen es nur zuzulassen, dass ein Gedanke überhaupt gedacht werden darf.

Den Erfolg inszenieren

Mutig können Sie Neues wagen und Dinge einfach ausprobieren, die anders sind. Hierzu ein kleines Beispiel:
Neulich irgendwo bei einem Pharma-Riesen in Ingelheim. Im Projektmeeting wurde es um 10:19 Uhr auf einmal mucksmäuschenstill. Max der Ungewöhnliche betrat als Projektverantwortlicher den Raum. Bekleidet mit einem rot karierten Hemd, seitlich geschnürten Schuhen und einer kurzen Lederhose stampfte der extravertierte Macher durch den Projektraum

mit Rheinblick in der obersten Etage des Neubaus. Jedem Teilnehmer dieser Inszenierung – auch den sonst so liberal eingestellten Managern – ging ein stilles „Meine Güte" durch den Kopf angesichts des anwesenden eleganten Vorstands. Munter polterte der Hereingekommene ein „Servus, da bin ich" durch den Raum und ließ sich auf einem der Nappa-Ledersessel an dem ovalen Birnentisch nieder. Danach fragte der Nonkonformist, bei welchem Tagesordnungspunkt man denn sei. Er folgte so ganz seinem Persönlichkeitsprofil als ENTJ (vgl. S. 71–75).

Sich über Regeln hinwegsetzen

Das war ein erfolgreicher Auftritt. Eben nicht dieses sanft-korrekte Kreppschuhegeschleiche über frisch gebohnerte Linoleumböden wie einst in den Ministerien des letzten Jahrtausends. Als kreativ-intuitiver Omega-Faulpelz weiß Max, wie er anstrengungsfrei erfolgreich ist – indem er die Anstandsregeln bricht und Dinge macht, die sich andere niemals nur zu denken wagten. Er kümmert sich darum, wie er Erfolg mühelos und mit großem Effekt inszenieren kann. Omega-Faulpelze sind Dramaturgie-Künstler und Meister der Selbstvermarktung.

Das Drehbuch des Lebens umschreiben

Der kreativ-intuitive Omega-Faulpelz ist sich klar darüber, dass, was immer wir glauben, spüren und wissen, den Grenzen unseres Bewusstseins entspringt. Wir inszenieren die Wirklichkeit durch unser Bewusstsein – also können wir das Drehbuch des Lebens auch umschreiben. Wenn wir Licht in die Bereiche lassen, die vorher im Dunkeln lagen, erweitern wir unseren Horizont. Die süßen Erfahrungen der inneren Grenzsprengung sind gewaltig.

Übung:

Veränderung fängt im Kleinen an. Machen Sie einmal drei Wochen lang im Alltag Verschiedenes anders, als Sie es bisher gewohnt sind. Zum Beispiel könnten Sie Folgendes tun:

- Putzen Sie sich mit der anderen Hand als bisher die Zähne.
- Rasieren oder schminken Sie sich mit links, wenn Sie sich bisher mit rechts rasiert bzw. geschminkt haben (oder umgekehrt).
- Fahren Sie auf einem anderen Weg zur Arbeit.
- Fangen Sie früher oder später an zu arbeiten.
- Kaufen Sie die Dinge des täglichen Bedarfs in einem anderen Laden ein.
- Wenn Sie bisher mit dem Auto ins Büro gefahren sind, nehmen Sie die S-Bahn oder den Bus. Wenn Sie bislang die Bahn benutzt haben, fahren Sie mit dem Fahrrad.
- Probieren Sie mal ein neues Kochrezept aus.
- Sollten Sie das Wochenende häufig vor dem Fernseher verbracht haben, raffen Sie sich auf und beginnen Sie mit einem Bewegungs- oder Fitnessprogramm. Wenn Sie bisher viel Sport am Wochenende getrieben haben, genießen Sie einfach mal ein schönes Buch oder gehen in einen guten Kino-Film.

Den Fokus auf Lösungen legen, nicht auf Probleme

Viele Untersuchungen und zahlreiche Planungsinstrumente in Wirtschaft, Politik und Wissenschaft fokussieren Probleme und nicht Lösungen. Umgekehrt ist aber erwiesen, dass weniger Fokus auf Probleme zu einem Mehr an Möglichkeits- und so Lösungsraum führt. Es ist daher wichtig, dass wir unseren Realitätssinn erweitern und in Möglichkeiten denken. Anstatt einseitig Kosten zu sparen, sollten wir lieber die Potenziale erhöhen. Wenn wir diese zum Beispiel von 65 auf 100 Prozent steigern könnten, bräuchten wir in den Unternehmen auch keine Kostensenkungsprogramme mehr, wir erhöhten einfach die Produktivität jedes Einzelnen. Und das geht ganz einfach. In dem Moment, in dem jeder Mitarbeiter seine Potenziale voll ausleben kann, ist er höchst profitabel. Und im Team erhöht dies die Wertschöpfung signifikant.

Möglichkeiten erproben: Angenommen, …

Der Erfolg folgt dem Fokus. Eine Welt, in der wir uns besser fühlen, wird es nicht geben, solange wir nur davon träumen. Wenn unsere Träume wahr werden sollen, müssen wir aufwachen und sie mit Leben füllen! Nutzen wir hierzu einfach das Wort „Angenommen" als Kreativitätspromotor, um die Möglichkeits- und Kreativitäts-Spirale in Richtung Erfolg anzukurbeln. Hier ein paar Übungsbeispiele:

Übung:

- Angenommen, Sie könnten noch mal von vorne starten, was machten Sie anders als bisher?
- Angenommen, Sie haben momentan Schwierigkeiten in einem bestimmten Bereich – was wäre es für ein Gefühl, wenn diese Schwierigkeiten auf einmal gelöst wären?
- Angenommen, Sie wären jetzt schon erfolgreich, welches Gefühl bewirkt dieser Gedanke bei Ihnen?
- Angenommen, Sie könnten sich dorthin beamen lassen, wo Ihre Gedanken gerade sind – wo wären Sie dann jetzt?
- Angenommen, Sie könnten mit Ihren Gedanken spielen und sie auf die Reise schicken, was passierte dann mit Ihrem Bewusstsein?
- Angenommen, Sie könnten alles, was Sie gelesen haben, behalten, was machten Sie dann mit all dem Wissen?
- Angenommen, Ihre Träume würden sofort Wirklichkeit, was wäre dann jetzt?
- Angenommen, Sie machten eine Wut-Probe und ließen Ihre gesamte Energie bei einem Mut-Anfall nach vorn gehen, wohin gingen Sie dann?
- Angenommen, Ihre Wünsche würden zu Gedanken-Bildern, die Ihre Freunde empfangen könnten, was wäre dann die Antwort Ihrer Freunde?

Die Welt macht rasante Fortschritte. Gehen Sie einfach mit. Probieren Sie Dinge aus, von denen Sie gar nicht dachten, dass sie existieren könnten. Es geht nicht nur um das Existente, sondern um das Mögliche, das Sie sich vorstellen und erträumen. Wir dürfen Gegebenes tabulos und mutig infrage stellen und uns öffnen für das Denkbare – ohne die einschränkende Beurteilung des Machbaren. Die Welt ist, wie sie ist – wir können sie nicht ändern. Wir können aber unsere eigene Welt beziehungsweise unsere Vorstellungen weiterentwickeln: unsere Überzeugungen, Gewohnheiten, Glaubenssätze und Lebensmuster. Lassen Sie sich ein auf die Power und Gestaltungsmächtigkeit des Wortes „Angenommen".

Reflexionsfragen für Ihr *Tagebuch der Erfolgsgeheimnisse:*

- Was kann ich mir (nicht) vorstellen?
- Welche Regeln würde ich gern brechen?
- Was müsste ich tun, um diese Regeln zu brechen?
- Was könnte schlimmstenfalls passieren?
- Was könnte bestenfalls passieren?
- Womit könnte ich auffallen?

Der Weniger-ist-mehr-Erfolgs-Tipp vom Omega-Faulpelz: Verhalten Sie sich dann und wann unberechenbar und überraschen Sie Ihre Mitmenschen.

Meilenstein 5: Vertraue den magischen Momenten der Omega-Zeit

„Wenn man unter Ewigkeit nicht unendliche Zeitdauer, sondern Unzeitlichkeit versteht, dann lebt der ewig, der in der Gegenwart lebt.“

LUDWIG WITTGENSTEIN,
TRACTUS LOGICO-PHILOSOPHICUS

„Ticken Sie noch richtig?“ Diese Frage schnappte ich neulich auf dem Flughafen in Zürich auf. Eine, wie ich meine, wirklich brillante Frage. Wir wollen uns den Erfolg nun unter dem Blickwinkel der Zeit anschauen, also genau unter der Fragestellung: Wie ticken wir (richtig)?

Das einzige Leben, das wir haben

Dies ist ein Leben auf Zeit – und wir wissen nicht, wie lang der Wecker tickt. Das Leben ist uns verliehen worden. Der Vertrag ist offen, aber biologisch begrenzt. Wir kennen weder unser Haltbarkeitsdatum noch den Verfallstermin. Anders als bei vielen Video-Spielen, bei denen man bis zu fünf Leben hat, ist dieses Leben momentan das einzige, was wir haben. Also sollten wir unsere Potenziale, Talente und Fähigkeiten, die uns mit auf den Weg gegeben wurden, *jetzt* nutzen, anstatt auf einen günstigen Zeitpunkt zu warten, der vielleicht nie eintritt. Niemand kann Ihnen sagen, welches der richtige Weg für Sie persönlich ist. Kein Lehrer, kein Coach und kein Psychologe oder Psychotherapeut. Sie allein müssen herausfinden, was Ihr Pfad ist. Und um das zu erkennen, müssen Sie sich Zeit nehmen.

Wer hat an der Uhr gedreht? Ist es wirklich schon so spät? Plötzlich sind wir 45 oder 60 Jahre alt und stellen mit Erschrecken fest, dass es Zeit wird, an das eigene Leben zu denken. Wer stiehlt Ihnen ständig Ihre Lebenszeit? Zeit ist ein wahres Luxusgut. Sie ist unbezahlbar, kostet aber nichts. Ich erinnere mich noch gut an den Appell unseres damals vierjährigen Sohnes: „Red schneller, Papa, damit ich mehr Zeit zum Leben hab."

Die Omega-Zeit: Jetzt

Im Omega-Zeitalter gehen die Uhren anders als in der hektischen Schneller-höher-weiter-Welt der Alpha-Epoche. Erfolgreich sind Sie, wenn Sie zur richtigen Zeit am richtigen Ort mit den richtigen Menschen das Richtige tun. Und das beginnt immer in der Gegenwart – *jetzt!* Omega-Faulpelze sind präsent im Hier und Jetzt und besitzen ein weites Wahrnehmungsfeld für das, was sich ihnen zeigt, anstatt sich angestrengt zu konzentrieren auf das, was war, oder das, was kommt.

Hetzefrei – nur nicht verzetteln!

Wenn du es eilig hast, …

Wenn wir langsamer gehen, kommen wir schneller an. Das hat nicht allein mit der Geschwindigkeit zu tun. Sondern damit, ob wir in die richtige Richtung gehen. Viele verplanen den ganzen Tag und wundern sich dann, wenn es anders kommt. Um die im Terminkalender festgelegten Aufgaben abarbeiten zu können, legen ehrgeizige Hamstermanager noch einen höheren Gang ein und verplanen weitere zwei Stunden. Doch hier lauert die Anstrengungsfalle.

Bei einer amerikanischen Softwarefirma mit globalen Niederlassungen habe ich einen vertriebsverantwortlichen Manager kennen gelernt, der am Ende des Fiskaljahres teilweise bis zu neun Telefonkonferenzen pro Tag hatte. Jede dieser Konferenzen dauerte zwischen 20 und 90 Minuten – Vor- und Nachbereitung nicht eingerechnet. Der Kollege war derart gestresst, dass er den Wald vor lauter Bäumen überhaupt nicht mehr sehen konnte. Er war in den Besprechungen lediglich anwesend, aber nicht mit dem Kopf dabei.

Den Erfolg nicht wegplanen

Um nicht in die Anstrengungsfalle zu geraten, ist der sinnvolle Umgang mit der Zeit ein entscheidender Hebel. Für viele besteht das Leben aus Feuerwehrlöscheinsätzen von dringlichsten Tätigkeiten. Doch lässt sich Zeit überhaupt managen? Nein, jeder muss mit der zur Verfügung stehenden Zeit optimal umgehen. Das bedeutet jedoch nicht, immer mehr in weniger Zeit zu erledigen, sondern achtsam und effektiv zu arbeiten.

„*Weniger* ist *mehr*“ gilt auch hier. Die Zeit, wie auch das Leben, vergeht, ob Sie sie nun verplanen oder nicht. Denken Sie daran: Wer seine Zeit nur mit Arbeit verbringt, hat keine Zeit, erfolgreich zu sein. Weglassen heißt die Devise. Der Omega-Faulpelz überlegt, was er lieber bleiben lassen oder delegieren könnte. Seien Sie offen für die Dinge, die passieren wollen. Begehen Sie auf keinen Fall den Fehler, Ihren Tag voll durchzuplanen, und lassen Sie sich nicht zum Sklaven eines Terminkalenders machen. Ansonsten verhindern Sie, dass der Erfolg eintritt, denn er hätte ja gar keinen Platz in Ihrem Arbeitstag.

Zeitqualität statt Effizienz

Die Zeit ist immer gleich. – Eine Stunde ist eine Stunde ist eine Stunde. Und die dauert immer 60 Minuten. Nicht mehr und nicht weniger. Egal, ob Sie hektisch an der Börse herumrennen (oder -klicken) oder in einem Kloster meditieren. Nur das Zeiterleben ist unterschiedlich. Setzen Sie daher auf *Zeitqualität* anstatt auf die Menge der zu erledigenden Aufgaben pro Zeiteinheit. Bringen Sie Ihre Zeitqualität in Einklang mit Ihren Werten, Visionen und Prioritäten. Hören Sie auf Ihre innere Uhr. Entspannung, Muße und Erholung sind wichtige Voraussetzungen, um anschließend wieder kraftvoll durchstarten zu können. Gönnen Sie sich jeden Tag eine Zeit-Zone für eine Verabredung mit sich selbst. Hier eine kleine Übung zum Zeitempfinden:

Übung:

Verabreden Sie sich mit sich selbst zu einem Spaziergang in einer wunderschönen Landschaft. Legen Sie bitte Ihre Uhr ab, stellen Sie Ihr mobiles Telefon aus und stellen Sie Ihre innere Uhr auf 60 Minuten. Kehren Sie bitte nach genau 60 Minuten zurück – und zwar ohne auf die Uhr zu schauen. Fragen Sie auch zwischendurch keinen Menschen, der Ihnen auf Ihrem Weg begegnet. In diesen 60 Minuten des Spazierengehens können Sie sich in aller Ruhe mit Ihrem Zeitempfinden und Ihrer Einstellung zu Ihrer Lebens-Zeit beschäftigen. Mit diesem Spaziergang durch Zeit und Raum können Sie feststellen, wie Sie selbst getaktet sind und wie Ihre innere Uhr tickt. Der Test ist leicht, aber effektiv. Los geht's.

Auswertung:

Inneres Zeitempfinden	Erläuterung
Rechtzeitig = 60 Minuten	Gratulation! Sie sind im Einklang mit sich selbst und der Natur und sind wahrscheinlich auch relativ ausgeglichen.
Zu früh zurück < 60 Minuten	Ihre innere Uhr geht zu schnell, Sie sind schneller getaktet als die Wirklichkeit. Mögliche Konsequenzen: Es könnte sein, dass Sie sich zu viel aufhalsen oder vornehmen (zum Beispiel bei der Arbeit), vieles erst in letzter Minute fertig stellen und frustriert sind, wenn Sie Ihr Tagespensum nicht schaffen. Vorschlag zur Reflexion: Planen Sie weniger Termine in Ihren Zeitplaner ein und erhöhen Sie die Pufferzeiten für unvorhergesehene Dinge. Achten Sie auf ausreichend Zeit zwischen Terminen und auf Ihre Balance (Work-Life-Integration).
Zu spät zurück > 60 Minuten	Ihre innere Uhr geht zu langsam, Sie sind langsamer getaktet als die Wirklichkeit. Mögliche Auswirkungen: Sie planen die Zeiten für Ihre Arbeit sehr großzügig und planen eher mehr Zeit als notwendig für einzelne Arbeiten ein. Die Wirklichkeit holt Sie ein und Sie werden von der Echt-Zeit regelrecht überholt. Vorschlag zur Reflexion: Planen Sie weniger großzügig.

Schöpferische Pausen

Omega-Faulpelze wissen: Das Schönste im Leben sind die Pausen. Und die müssen nicht lila sein. Muße ist ein Zauberwort für kreative Faulpelze, denn sie gibt ihnen Raum zum Anhalten, Innehalten und Nachdenken. Die Pause kennen wir aus der Musik. Sie ist ein Moment der Ruhe – ein in die melodische Komposition eingewobenes Atemholen, das der

Besonderheit des Musikstückes den Raum gibt, sich in unserem Bewusstsein zu entfalten und ganz bei uns anzukommen, damit wir es besser genießen können. Genau diese Aufgabe hat die Pause auch in unserem täglichen Leben: ein kurzfristiges, aber effektives Entspannen zu ermöglichen, damit wir anschließend frisch denken und handeln können. Omega-Faulpelze lieben den strategischen Mittagsschlaf. Sie legen sich gern zwischendurch 15 bis 19 Minuten hin und schließen die Augen, um nach dem Erwachen vor neuen Ideen zu sprühen. Kreativität und Schaffenskraft kann nur aus einem schöpferischen Moment entstehen. Und der setzt eine anstrengungsfreie Zeit – eben die Pause – voraus. Es gibt Menschen, die nehmen sich eine Auszeit von einem Jahr (Sabattical oder Regenerations-Cocooning genannt), um in dieser Zeit für sich neu zu klären, wohin die (Lebens-)Reise gehen soll. Wohin geht die Reise für Sie?

Das Leben ist endlich

Ein befreundeter Chefarzt und international sehr erfolgreicher Chirurgieprofessor ist kürzlich in relativ jungem Alter sehr schnell an einem bösartigen Tumor gestorben. Dies hat mich sehr berührt. Vor allem, weil er noch so viel vorhatte in seinem Leben. Er war ein brillanter Wissenschaftler, ein einfühlsamer Arzt, ein fähiger Chirurg und ein feinfühliger Mensch. Er schrieb Gedichte, malte und war ein erstklassiger Ausdauersportler. Doch plötzlich war er tot.

Wenn Sie sich die scheinbare Banalität bewusst machen, dass unser aller Leben endlich ist, werden Sie dann weiterhin

- sich über viele Kleinigkeiten aufregen?
- jeden Tag so viel arbeiten wie bisher?
- täglich viele E-Mails beantworten?
- abends so häufig fernsehen wie gewohnt?
- sich das eine oder andere verkneifen, weil Sie dafür keine Zeit haben?

Sicherlich ließe sich diese Aufzählung beliebig fortsetzen. Dass unser Leben begrenzt ist, ist so banal wie bedeutsam. Wenn wir unser Leben mit Kleinkram verplempern, bleibt für die wichtigen Dinge keine Zeit mehr.

So nutzen Omega-Faulpelze ihre Zeit

Omega-Faulpelze lassen sich Zeit, damit sie die Dinge um sich herum wahrnehmen und in ihrem Sinne aufgreifen können. Um Anstrengungen zu vermeiden, leben sie unbeirrt in ihrer eigenen Zeitqualität:

- *Weniger* ist *mehr* – das ist die wichtigste Message.
- Faulpelze halten sich nicht mit Kleinkram und Routinearbeiten auf. Sie nehmen sich Zeit für die wirklich wichtigen Dinge, die sie bewegen wollen.
- Sie machen nur die Dinge, die sie gut beherrschen. Das ist ein klares Alleinstellungsmerkmal.
- Sie arbeiten nach ihrem ganz persönlichen Biorhythmus. In der Zeit ihrer höchsten Wachheit widmen sie sich kreativen Strategieaufgaben.
- Sie unterscheiden zwischen echten Aufgaben und reinen Aktivitäten und bleiben wachsam für die Zielorientierung.
- Sie denken in größeren (Möglichkeits-)Räumen. Für ein Strategiekonzept, das nur sie erarbeiten können, bietet sich der Strategie-Liegestuhl an.
- Sie nutzen die Gunst der Stunde.
- Sie sind offen für Neues und anderes, wenn es der Lösung dient.
- Sie machen nicht alles selbst, sondern vertrauen dem Wissen von Teams und nutzen Netzwerke.

Reflexionsfragen für Ihr *Tagebuch der Erfolgsgeheimnisse:*

- Wie entgehe ich dem Diktat des Terminkalenders?
- Was ist wichtig, was ist lediglich dringlich?
- Wann nehme ich mir bewusst eine Stunde nur für mich selbst?
- Worüber denke ich in der Zeit nach, die ich für mich reserviere?

Der Weniger-ist-mehr-Erfolgs-Tipp vom Omega-Faulpelz: Fokussieren Sie das Wesentliche. Lassen Sie sich nicht von den Dringlichkeiten des Alltags ablenken.

Die neue Zeitqualität – die Magie des Augenblicks genießen

Astrologisch befinden wir uns im Wassermann-Zeitalter – alte Strukturen brechen auf und werden verschwinden, so wie die Dinosaurier ausgestorben sind. Wer nicht mit der Zeit geht, geht mit der Zeit – Neuorientierung ist wichtig. Im Omega-Zeitalter dürfen wir uns bewusst vom Schneller-höher-weiter-Syndrom verabschieden und die Zeit-Brisanz in Zeit-Balance verwandeln.

Eine neue Qualität des Denkens

Unternehmen reorganisieren sich zu Tode. Immer effizienter, schlanker und produktiver sollen sie werden. Wir bemühen uns täglich, mit der Geschwindigkeit der voranschreitenden globalen Entwicklung Schritt zu halten, uns selbst und unsere Beziehungen und Werte zu verstehen und neu auszurichten. Doch diese Optimierung hat ihre Grenzen bereits überschritten. Viele können nicht noch mehr tun, ohne in den Strudel des Burn-outs zu rutschen. Jenseits der linearen Effizienz brauchen wir eine neue Dimension der Produktivität – und die lässt sich nur mit einem Prozessmusterwechsel gestalten. Wir können unsere Produktivität lediglich dann erhöhen, wenn wir um den Sinn unserer Arbeit und unseres Seins wissen. Weiterentwicklung kann nur stattfinden, wenn wir nicht länger an Gewohntem und Verstaubtem kleben. Das erfordert die Öffnung der Mauern unseres mittelalterlichen, besitzstandswahrenden Burgendenkens, um Neues hereinzulassen. Das hat mit Offenheit zu tun, mit Sich-Einlassen und Loslassen.

Leben findet heute statt

Die Lebenszeit ist, wie Liebe und Gesundheit, eines der höchsten Luxusgüter, die wir besitzen, denn sie lässt sich mit nichts bezahlen. Darum ist ein gutes Zeit-Bewusstsein für das eigene Leben wichtig. Ich kenne Menschen, die ihr Leben mit effizienten To-Do-Listen durchplanen, wie sie es bei Zeitmanagement-Trainings gelernt haben – aber vergessen zu leben. Sie bereiten sich lediglich auf das Leben vor – und sind ganz erstaunt, wenn sie plötzlich alt sind und noch immer nicht das getan haben, was ihnen Spaß macht. Andere träumen von einem besseren Leben, leben aber ihren Traum nie aus und sind im Alter verbittert. Leben heißt leben und nicht darüber reden. Life is for living and living is now.

Nur die Gegenwart ist real

Der entscheidende Augenblick ist immer jetzt. Dieser gegenwärtige Augenblick ist der einzige, den wir direkt erleben können. Nur in ihm ist Wirklichkeit. Die Vergangenheit ist vorbei – und Sie haben Sie überlebt. Die Zukunft ist nur eine Möglichkeit, die aufgrund der Erwartungen aus den Erfahrungen der Vergangenheit mit einer gewissen Eintrittswahrscheinlichkeit stattfinden könnte. Sie ist jedoch keine Wirklichkeit. Nur das, was Sie genau jetzt erleben, wenn Sie dieses Buch lesen, ist wirklich. Schuldgefühle aus der Vergangenheit und Erwartungen an die Zukunft überspringen die echte Realität – die Jetztzeit. Das raubt uns enorm viel an Kraft und Lebensenergie. Unsere Erfahrungen sind die Kalorien, von denen sich die Zukunft nährt. Doch damit verhungert die Wirklichkeit. Und wir verschenken kostbare Momente. Das Leben besteht aus lebendigen Augenblicken. Und die finden immer in der Jetztzeit statt und nicht später in der Zukunft. Ihr Leben findet genau jetzt statt. *JETZT.* Nicht gestern und nicht erst später. Springen Sie rein ins fließende Leben der wirklichen Wirklichkeit.

Die Fülle des Lebens leben

Omega-Faulpelze leben die Fülle, nicht nur die Länge des Lebens. Und die ist nicht planbar. Alle Lebensprozesse sind dynamischer Natur und auf Veränderung ausgerichtet. Es bleibt unserem Gestaltungswillen überlassen, inwieweit wir die Entwicklungsschritte gehen, für die wir in einer bestimmten Lebensphase empfänglich sind. Wir können unsere individuellen Entwicklungszyklen dafür nutzen, in der eigenen Weiterentwicklung erfolgreich zu werden – oder auch nichts machen. Wir können die Türen öffnen, die uns in neue Lebensräume führen und uns neue Möglichkeiten erschließen, oder wir können sie geschlossen lassen. Indem wir Neues ausprobieren, können wir uns besser kennen lernen und bestimmte Erfahrungen machen. Dadurch entwickeln wir uns weiter. Die Entscheidung, was Sie aus Ihrem Leben wirklich machen, liegt immer bei Ihnen.

Reflexionsfragen für Ihr *Tagebuch der Erfolgsgeheimnisse:*

- Was bedeutet für mich die gegenwärtige Wirklichkeit?
- Wie bewusst nehme ich den Moment wahr?
- Was ist genau jetzt?
- Was geht in diesem Moment in mir vor?
- Wenn ich meinen Körper wahrnehme, was spüre ich jetzt?

Der Weniger-ist-mehr-Erfolgs-Tipp vom Omega-Faulpelz: Überspringen Sie nicht die gegenwärtige Wirklichkeit, indem Sie der Vergangenheit nachtrauern oder von der Zukunft träumen.

Meilenstein 6: Suche Verbindung zur Innenwelt

„Die meisten suchen den Schlüssel zum Glück und merken nicht, dass er schon steckt."

UNBEKANNT

Die Außensicht ...

Permanent nach außen gewandt, im Stand-by-Modus jederzeit erreichbar für jegliche Information, droht sich der Mensch von sich selbst zu entfremden und von seiner Innenwelt abzukoppeln. Ringsum wimmelt es von emsig schuftenden Ehrgeizlingen. Sie wuseln überall herum und beschäftigen sich mit allerlei Aktivitäten im Außen. Das ununterbrochene Rauschen auf diversen Informationskanälen, das ständige Geplapper und der ewige Lärm um uns herum führen dazu, dass wir keinen klaren Gedanken mehr fassen können. Die persönlichen Belastungen und die äußerliche Hektik engen den Blickwinkel und unsere Wahrnehmung extrem ein. In der Problemsichtweise verlieren wir die Sicht für die Möglichkeiten und werden so blind für das, was sein könnte, bleiben in den alten Vorstellungsmustern von dem, was geht und was nicht. Die Wucht der medialen Bilder durch Fernsehen und Internet führt zu einer immer stärkeren Vereinheitlichung der Menschen, zur globalen Gleichschaltung unserer Existenz. Dieses mediale Mainstreaming durch Massenunterhaltungsprodukte verhindert die freie Entfaltung unserer Individualität. Diese Reizüberflutung hindert uns daran, unsere geistigen, körperlichen und seelischen Möglichkeiten auszuschöpfen. Und letztlich hindert sie uns am Erfolgreich-Sein.

… durch die Innensicht ergänzen

Erfolgreich sind Sie dann, wenn Sie an Ihre Innenwelt andocken, bei sich selbst ankommen. Hierbei helfen Entspannungstechniken und Meditation. Neurophysiologische Studien belegen, dass Meditation das Betreten neuer Erfahrungsräume ermöglicht und so die Routine unterbricht. Aber schon diesseits von Meditationstechniken können Sie sich selbst einen anderen Blick angewöhnen, um mehr zu sehen – und mehr zu erreichen. Sie müssen dazu lediglich bereit sein, auf die eigenen Sinne zu vertrauen. Der Omega-Faulpelz ist ein Meister im Entspannen. Er findet den für sich geeigneten Weg, loszulassen und neue Kraft zu schöpfen.

Mit dem Herzen sehen, der inneren Stimme lauschen

Anders hinsehen

Wir können Ihnen kein neues Paar Augen einpflanzen, aber Sie können sich selbst eine andere Art des Hinschauens und damit eine neue Perspektive schenken. Die wirkliche Wirklichkeit ist gar nicht so weit weg. Wir alle können eine Menge sehen, wenn wir nur richtig hinschauen. Oft ist unser Blickwinkel durch Erwartungen und Denkmuster extrem eingeschränkt. Unsere Gedanken können theoretisch in 999 Richtungen wandern und wir können uns immer wieder für neue Dinge begeistern. Im Alltagsstrudel ist klares Sehen des Wesentlichen jedoch kaum möglich. Es stimmt: Wir sind nicht in der Lage, die Komplexität, die uns umgibt, zu reduzieren, wohl aber, uns Orientierung zu verschaffen. Der aufgewühlte Sand im Meer des Alltags muss sich erst einmal setzen, damit wir durch das klare Wasser hindurchschauen können und sehen, was ist. Das Sehen beginnt damit, dass wir die Augen öffnen. Klar zu sehen bedeutet aber mehr, als nur mit den Augen zu schauen. Wir müssen auch mit dem Herzen und den Augen der Weisheit sehen, um die tiefe Wirklichkeit zu erfahren. Wir müssen aus einer gewissen Distanz hinsehen, um „objektiver" beurteilen zu können und zu einem tieferen Verständnis zu gelangen.

Das Gesichtsfeld erweitern

Je schneller wir uns fortbewegen, desto kleiner werden Gesichtsfeld und Blickwinkel. Bereits auf dem Fahrrad sehen Sie weniger als zu Fuß. Im Transrapid reduziert sich die Umgebung auf Farbschlieren, die vorbeiziehen. Wenn wir langsamer gehen, haben wir einen besseren Überblick und unser Wahrnehmungsfeld weitet sich. Wir können dann auch links und rechts aus den Augenwinkeln Dinge wahrnehmen. Das Erstaunliche ist, dass dies anstrengungsfrei und mühelos funktioniert, wenn Sie ganz offen sind und sich präsent auf die Situation einlassen. Statt mit Tunnelblick auf ein Ziel zu starren, geben Sie den Dingen Raum, sich zu entwickeln. Wenn wir anfangen, mit dem Herzen zu sehen, dann eröffnet sich eine neue Dimension der Erfahrung. Und erst wenn Herz und Kopf gemeinsam arbeiten, können wir erfolgreich sein.

Focusing: in den Körper hineinhorchen

In Untersuchungen stellte der Psychotherapeut Eugene T. Gendlin fest, dass Menschen, die gut mit Herausforderungen und Konflikten umgehen können, offenbar über eine andere Art der Selbstwahrnehmung verfügen. Anstatt nur theoretisch und abstrakt über Probleme zu sprechen, beziehen sie körperliche Empfindungen mit ein. Aus diesen Erfahrungen heraus entwickelte Gendlin eine Methode, diese Form der körperorientierten Selbstwahrnehmung zu lehren – das *Focusing.* Eigentlich für die Psychotherapie konzipiert, lässt sich Focusing ganz hervorragend zur Selbsthilfe und im Coaching einsetzen. In meinen Coaching-Sitzungen arbeite ich viel mit dem Focusing und der prozessorientierten Körperarbeit. Bei diesem Verfahren, welches die Stimme des Körpers in den Mittelpunkt stellt, können Hemmungen überwunden und destruktive Selbstkritik gelöst werden. Der Hintergrund ist, dass wir eigentlich ganz genau wissen, was wir uns wünschen, was wir wirklich wollen und was uns davon abhält, erfolgreich zu sein. Bedingt durch unsere rational-analytische Prägung in Schule und Ausbildung haben wir es nur verlernt, dieser inneren Stimme Gehör zu verleihen, die sich in Körpergefühlen und Empfindungen ausdrückt. Wenn wir diesen Signalen achtsam lauschen, ist das Ziel für die Lösung innerer Konflikte klar. So setzt diese therapeutische Technik nicht bei persönlichen Konflikten in der Vergangenheit an, sondern direkt in der Gegenwart. Es geht immer um den Jetzt-Zustand in der gefühlten Wirklichkeit: Was fühle ich jetzt, was empfinde ich genau in diesem Moment? Zur Anschauung zitiere ich einen kleinen Ausschnitt aus einem Coaching-Gespräch mit einer jungen Frau, die vor einem wichtigen Examen unter starker Prüfungsangst litt:

Beispiel: Angstgefühl

(…)
JPS: „Gibt es sonst noch etwas, was deine Aufmerksamkeit verlangt?"
Stefanie: „Ja, Ich spüre eine Enge in meinem Hals."
JPS: „Da ist eine Enge in deinem Hals. Kannst du dieser Enge einfach deine Gesellschaft leisten?"
Stefanie: „Ja, sie ist einfach da, sie macht mir aber keine große Angst."

JPS: „Gut. Hat diese Enge irgendeine Gefühlsqualität? Vielleicht eine Farbe?“
Stefanie: „Ja, sie ist schwarz.“
JPS: „Aha, sie ist schwarz. Hat diese Enge ein Gewicht? Und eine Größe?“ (Frage nach den Sinneskanälen)
Stefanie: „Sie wiegt 20 Kilogramm und ist so groß wie ein Fußball.“
JPS: „Mmh – die schwarze Enge ist also so groß wie ein Fußball und wiegt circa 20 Kilogramm.“
Stefanie: „Genau.“
(…)
JPS: „Sieh mal nach, ob das Wort Enge immer noch die beste Beschreibung dafür ist, was du jetzt in deinem Hals fühlst?“
Stefanie (macht eine kleine Pause): „Jetzt spüre ich eine große Leere.“
JPS: „Ah ja. Du kannst nun ausprobieren, ob es gut für dich ist, wenn du einfach bei diesem Gefühl der großen Leere bleibst?“
Stefanie (fängt an zu weinen): „Ja, es ist gut, wenn ich einfach dabei bleibe.“
JPS (nach einer Zeit des respektvollen Schweigens): „Vielleicht fragst du einfach mal diese große Leere, ob sie dir sagen will, was sie braucht?“
Stefanie: „Es ist verrückt, aber die Leere sagt mir, dass ich mehr Leichtigkeit brauche und dass ich mich nicht mehr so mühevoll anstrengen soll.“
JPS: „Aha. Leichtigkeit und keine mühevolle Anstrengung mehr. Wie würde es sich anfühlen, wenn du Leichtigkeit und keine mühevolle Anstrengung mehr hättest?“
Stefanie: „Wunderbar frei – die Enge in meinem Hals ist weg und ich kann wieder besser atmen.“
JPS: „Lass dich das spüren.“
Stefanie: „Es ist, als sei ein Damm gebrochen und das Wasser kann endlich frei fließen – die Leere verschwindet, der schwarze schwere Fußball ist weg.“ – (Ihre Stimme wird heller und klarer.)
(…)

Sich selbst wahrnehmen und so selbst erfahren

Das Besondere an dem Verfahren ist, dass es nicht darauf zielt, etwas intellektuell zu verstehen, sondern darauf, es wirklich zu erleben, zu fühlen, zu spüren und zu erfahren. Dies wird „felt sense“ genannt. Dem inneren Erleben Raum zu geben bedeutet, *bei* den Gefühlen zu sein, anstatt *in* ihnen. Das Verankern eines neuen Gefühls nach einer Focusing-Sitzung unterstützt den Coachee in hohem Maße dabei, alte Gewohnheitsmuster zu verlassen. Focusing ist ein hervorragendes Instrument zur Selbsterfahrung durch Selbstwahrnehmung. Dabei hören wir auf das Flüstern des Körpers, bevor er anfängt, laut zu schreien.

Kreativ-intuitive Omega-Faulpelze spielen auf allen Ebenen des Seins und beherrschen die Klaviatur der Kommunikation – nach innen und nach außen.

Reflexionsfragen für Ihr *Tagebuch der Erfolgsgeheimnisse:*
Schließen Sie bitte für einen Moment Ihre Augen und spüren Sie in sich hinein:

- Welche Bilder tauchen auf, wenn ich die Augen schließe?
- Was gibt es, was ich nicht sehe, aber gern sehen möchte?
- Wie kann ich mein Herz öffnen?
- Wie fühlt es sich an, wenn ich erfolgreich bin?

Der Weniger-ist-mehr-Erfolgs-Tipp vom Omega-Faulpelz: Öffnen Sie Ihr Wahrnehmungsfeld, indem Sie sich selbst und Ihre Umgebung erspüren: Herz und Augen auf!

An- und innehalten – Tiefenentspannung und Meditation

Wirkliches Leben ist mehr als ein mundgerechtes Durchzappen im High-Speed-Tempo. Es ist authentisches Sein, das auf Werte aufbaut und einen individuellen Sinn verfolgt. Um dies leben zu können, braucht es Loslassen, Entleeren, Entspannen, Wachheit und Klarheit. Und dies alles beginnt innen. In unserer neuronalen Innenwelt wird Wirklichkeit inszeniert. Sie weist uns den Weg zum Erfolgreich-Sein. Omega-Faulpelze wissen dies und nutzen Entspannungstechniken und Meditation daher ganz selbstverständlich als wesentliche Lebensbausteine, um mühelos den eigenen Erfolg zu beflügeln und ihren seelischen Muskel zu trainieren. Denn der Hebel der Meditation wie aller echter Entspannung geht von innen nach außen. Dies ist das Gegenteil von dem Verhalten, das wir aus dem Alltag kennen.

Der eigene Weg zur Entspannung

Wobei können Sie entspannen, das Äußere loslassen? Omega-Faulpelze lauschen sensibel in sich hinein, um sich selbst auf die Spur zu kommen. Dem einen hilft ein Waldspaziergang, dem anderen ein Nickerchen im Garten ... Sehr effektiv sind erlernbare Entspannungstechniken wie autogenes Training, progressive Muskelentspannung oder Yoga und Meditation. Probieren Sie aus, was zu Ihnen passt.

Das *autogene Training* setzt am vegetativen Nervensystem an und ermöglicht so, wieder in die eigene Balance zu gelangen.

Die *Muskelentspannung* lockert Ihre Körpermuskulatur und setzt auf der motorischen Ebene an. Ein Beispiel ist die progressive Muskelrelaxation nach Jacobsen. Hierzu drei kleine Übungen für Menschen, die im Büro in sitzender Tätigkeit am PC arbeiten und häufig über Nackenmuskelverspannungen klagen:

Übungen:

Phase 1: Loslassen
Gönnen Sie sich eine kleine Pause und setzen Sie sich ganz entspannt auf Ihren Bürostuhl. Die Wirbelsäule sollte aufrecht sein, Ihre Füße sollten mit der ganzen Fußsohle den Boden berühren. Atmen Sie tief und regelmäßig ein und aus. Verschränken Sie die Hände im Nacken. Die Finger sind dabei wie zum Gebet gefaltet. Die Aufgabe besteht darin, die Ellenbogen während des Ausatmens vorn zusammenzuführen. Atmen Sie weiterhin gelassen ein und aus und konzentrieren Sie sich auf den leichten Zug in Ihren Nackenmuskeln. Während des Einatmens lockern Sie die Position Ihrer Ellenbogen. Wiederholen Sie diese Übung circa acht bis zehn Mal – so beugen Sie einer Verspannung effektiv vor.

Phase 2: Dehnung
Bleiben Sie mit geradem Rücken auf dem Bürostuhl sitzen und führen Sie Ihren rechten Arm zur linken oberen Kopfhälfte, sodass die Spitze des Mittelfingers fast den Oberrand des linken Ohrs berührt. Ihre linke Hand hält sich am Stuhl fest. Atmen Sie dabei tief und gleichmäßig
Nun ziehen Sie den Kopf ganz sanft unter gleichmäßigem Zug zur Seite. Lassen Sie den Kopf auch seitlich entspannt hängen. Halten Sie diese Position circa 20 Sekunden, dann richten Sie den Kopf wieder ganz langsam auf. Anschließend wechseln Sie die Seite.

Phase 3: Isometrische Anspannung gegen Widerstand
Bleiben Sie mit geradem Rücken auf dem Bürostuhl sitzen und führen Sie Ihren rechten Arm zur rechten oberen Kopfhälfte, sodass die Spitze des Mittelfingers den Mittelscheitel berührt. Der Übergang von der Handfläche zum Handgelenk liegt am Oberrand des rechten Ohrs. Nun drücken Sie den Kopf ganz sanft und gleichmäßig gegen den Widerstand der rechten Handfläche. Halten Sie den Kopf dabei gerade. Halten Sie diese Position circa 20 Sekunden, dann verringern Sie den Druck wieder. Anschließend wechseln Sie die Seite.

Phase 4: Achtsames Nichtstun
Schließen Sie Ihre Augen und bleiben Sie mit geradem Rücken auf dem Bürostuhl sitzen. Atmen Sie tief und regelmäßig. Gehen Sie jetzt mit Ihrer Aufmerksamkeit in Ihre Nackenmuskeln und fühlen Sie, wie Ihre Nackenmuskeln mit jedem weiteren Atemzug noch ein Stückchen mehr loslassen können. Seien Sie einfach ein achtsamer Beobachter Ihres eigenen Körpers. Atmen Sie circa zehn Mal tief ein und aus und öffnen Sie dann langsam wieder Ihre Augen.

Aus meinen Coaching-Erfahrungen heraus kann ich Meditation als umfassende Entspannungsmethode sehr empfehlen. Deshalb möchte ich darauf hier etwas näher eingehen. Meditation öffnet den Zugang zum wirklichen Sein. Sie ist Leichtigkeit in Hochpotenz, die es uns ermöglicht, dass wir unseren Weg zum Erfolg mit absichtsloser Achtsamkeit ganz präsent im Hier und Jetzt gehen können. Meditation unterstützt uns durch Beobachtung, gelassener mit uns selbst und dem, was uns umgibt, umzugehen. Meditation ist die leichteste Art, nichts zu tun. Sie ist gleichsam eine spirituelle Erfahrung des individuellen Erfolgs. Meditation fördert die Entwicklung Ihrer Fähigkeiten.

Meditation – Frischzellenkur für die Seele

Wer häufig meditiert, weiß, dass Meditation mehr ist als nur eine Technik. Sie führt bei vielen zu einem ergreifenden Erlebnis und zu tiefer innerer Ruhe. Meditation ist reines Vergnügen, weil sie anstrengungsfrei ist. Ohne bewussten Willen ermöglicht Meditation eine tiefe, vollständige Hingabe unseres Selbst. Sie führt zu wacher, entspannt-gelöster wirklicher Gegenwärtigkeit und ist eine Art Frischzellenkur für die Seele. Dieses tiefe Loslassen führt immer weiter nach innen und öffnet den inneren, für den persönlichen Erfolg so wichtigen Frei- und Lebensraum. Sie können in sich hineinhören und kommen lassen, was sich gerade zeigen möchte. Der Kontakt zur eigenen Tiefe kann mit jeder Meditation gelingen. Das Glücksgefühl der ozeanischen Entgrenzung vom Ich erfreut sich zunehmender Beliebtheit auch in Kreisen, die von Berufs wegen sehr kopflastig ausgerichtet sind.

Der intuitiv und wertebasiert entscheidende IT-Manager Michael Schlesinger (Typ ENFP, vgl. S. 71 – 75) sagte nach einem Meditationswochenende: „Die entspannenden Auswirkungen auf Körper und Geist führen dazu, dass mein Denken im Alltag klarer und energetischer geworden ist. Es ist enorm: Mein Körper, die Atmung kommen bei der Meditation langsam zur Ruhe, die Spannung fällt ab. Von innen kann sich dann die Ruhe ausbreiten. Die Hetze meines Büroalltags und das fremdbestimmte Tempo weichen einem inneren Rhythmus. Ich war kurz vor dem Burn-out. Jetzt sind meine Schlafstörungen verschwunden und meine Gesundheit ist wiederhergestellt."

Doch die wenigsten Manager sprechen darüber offen in ihrem Unternehmen. Klöster und andere Meditationszentren sind ausgebucht – genau von den Menschen, die im Arbeitsalltag sonst so taff sind. Sich mit sich selbst zu beschäftigen gilt vielfach immer noch als Schwäche – und es ist sehr ungewohnt. Still zu sein und innezuhalten ist für viele befremdlich, so auch für Dietrich Hurtig, Marketingmanager bei einem der größten norddeutschen Lebensmittelhersteller:

„Es machte mich anfangs sehr nervös und unruhig, mich auf die Stille einzulassen – war ich es doch gewohnt, ständig von einem äußerlichen Informationsrauschen umgeben zu sein: Telefongebimmel, Videokonferenzen, Meetings, Nachrichten in Fernsehen und Radio, E-Mails und Zeitungen."

Voraussetzung: Bereitschaft zur Ruhe

Meditation setzt ein gewisses Maß an Entspannungsbereitschaft und -fähigkeit voraus, Übung, Stille sowie einen ruhigen, vor der Alltagshektik geschützten Raum. Während Sie meditieren, werden Sie von niemandem kontrolliert, beaufsichtigt, beobachtet oder gemaßregelt. Frei von allen Normen oder externen Erwartungen brauchen Sie sich nicht mehr anzustrengen oder irgendjemandem zu beweisen – Sie sind einfach nur, wie Sie wirklich sind – authentisch und echt, spielen keine Rolle, brauchen keine Maske. Sie können sich deutlicher wahrnehmen und zu einem erfüllten Leben finden. Konsequent angewendet, ermöglichen es Meditationsverfahren, bisher verborgene, verschüttete oder nicht genutzte Möglichkeiten, Kräfte und Energien wiederzuentdecken, wiederzubeleben und so die innere Harmonie wiederherzustellen.

Meditation gibt Freiheit

Meditation schafft Ruhe, Distanz, authentische Klarheit und Absichtslosigkeit. Sie hilft, dass wir uns einer Sache ganz öffnen, sie nicht zurechtdenken, nicht die gewünschte Seite auswählen, nichts dem Nützlichkeitsdenken unterordnen, sondern in reiner Hingabe das Ganze wahrnehmen und in diesem Vorgang uns wahrhaft bilden und erneuern. Meditationen helfen, innere Blockaden aufzubrechen und eingefahrene Bahnen zu verlassen. Wenn wir unser fremdgesteuertes Ego überwinden und uns vom engen Zweckdenken freimachen, kommen wir mühelos in die eigene Kraft, ohne uns anzustrengen. Dieser kleine Erfolg ist bereits ein Grund zum Feiern. Ein Mensch wird umso mehr er selbst, je weniger er an sich denkt. Das selbstsüchtige Ego-Ich macht es dem wahren Selbst unmöglich, sich ganz auszudrücken. Im Moment der Meditation lässt die Absichtslosigkeit gerade das Wachsen des eigenen Selbst zu und ermöglicht so eine Annäherung an das wirkliche Ich.

Work-Life-Integration

Um wieder in die eigene Balance zu kommen – zum Beispiel in Zeiten von hohem Stress –, bieten sich ganzheitliche Re-Balancierungs-Konzepte an, die wir in Kursen anbieten und die ich im Buch *Stressmanagement* beschrieben habe (Schröder 2004). Hierbei geht es vor allem darum, dass eine gute Work-Life-Integration mit Entspannungsübungen, Gesundheitsförderung und effektiven Methoden aus dem Zeit-,

Selbst- und Projektmanagement im Alltag gelebt wird. Durch eine ausgeglichene Balance zwischen den unterschiedlichen Bereichen (zum Beispiel Arbeit, Beziehungen, Sport) wird es wieder möglich, energetisch aus dem Vollen zu schöpfen, anstatt kraftlos und mit entladener Lebensbatterie vom Energieniveau auf Reserve zu leben.

Reflexionsfragen für Ihr *Tagebuch der Erfolgsgeheimnisse:*

- Wie schaffe ich es, mit meiner Aufmerksamkeit im Körper zu bleiben und Dinge im Außen zu beobachten, ohne zu werten?
- Wie kann ich mich entspannen?
- Wie komme ich zu weniger *Wollen?*
- Welche Art der Meditation entspricht mir?

Der Weniger-ist-mehr-Erfolgs-Tipp vom Omega-Faulpelz: Horchen Sie in sich hinein – probieren Sie Verfahren der Entspannung und Meditation aus, um sich Ihrer Innenwelt zu nähern. Sorgen Sie für innere Stille und Orientierung und entdecken Sie so Ihre persönlichen Erfolgsfaktoren.

Meilenstein 7: Surf auf der Welle

„The secret of success is making your vocation your vacation."

Mark Twain
amerikanischer Schriftsteller

Der Aufbruch ins Omega-Zeitalter macht sich schleichend bemerkbar. Alte Strukturen der Alpha-Zeit lösen sich langsam auf. Neueste Erkenntnisse aus der Neurophysiologie und der Quantenphysik verändern unser Weltbild. Neben dem, was wir analysieren und messen können, existiert eine feinstoffliche Dimension, die sich nicht mit linear-sequenziellen Verfahren erfassen lässt. Scheinbar chaotische Mechanismen, wie zum Beispiel das Schwarmverhalten von Fischen, genetische Algorithmen und fraktale Strukturen (Selbstähnlichkeit von Objekten) machen deutlich, dass die Erklärungsmodelle aus der „alten Welt“ der Physik und Mathematik um neue Methoden ergänzt werden dürfen. Doch dazu müssen wir neues Denken überhaupt erst einmal zulassen. Interdependenz, Kommunikation und Interaktion sind wichtige Eckpfeiler für das Erfolgreich-Sein von morgen. Der muntere Omega-Faulpelz hat den Paradigmenwechsel vom linearen zum vernetzten Denken bereits vollzogen. Er taucht ein in die Fluten dieser neuen Zeit, in der die Verbundenheit mit anderen wichtiger ist als das angestrengte Bemühen, als Erster an einem vermeintlichen materiellen Ziel anzukommen.

Integrieren statt bekämpfen

Was wollen Sie – mühsam gegen die Arbeitswellen ankämpfen oder lieber den Tag glücklich und anstrengungsfrei verleben und auf der Erfolgswelle surfen? Misserfolge, Widerstände, Angst, Angriffe, Konfrontationen und Konflikte mit Kollegen rauben Ihnen Ihre Energie. Viel sinnvoller ist es, nicht gegen sie zu kämpfen, sondern sie sinnvoll zu kanalisieren und einzubinden. Das gilt auch für das Meer an Nachrichten: Wenn Sie auf der Welle der Informationen surfen, anstatt gegen die Informationsfluten zu kämpfen, geht alles viel leichter. Es hängt von Ihrer Beziehungsfähigkeit ab, wie Sie mit der Welt kommunizieren und wie Sie das bewerten, was um Sie herum geschieht und was Sie selbst tun. Der intelligente Omega-Faulpelz lässt Fehler zu, um daraus zu lernen. Er geht spielerisch mit allem um, eben auch mit der Arbeit, und er ist ein guter Kommunikator und ein exzellenter Networker, der andere schätzt und mit ihnen kooperiert, statt auf Konfrontationskurs zu gehen. Er weiß: Er hat immer die Wahl – in Problemen oder in Lösungen zu denken; und er entscheidet sich für die Lösungsorientierung.

Mut zum Scheitern aufbringen – und wieder anfangen

Im letzten Jahrtausend gab es Ritter und Kreuzzüge, D-Züge und die D-Mark. Es ging stets voran. Doch das ist lange her. Aufschwingler und Trümmerfrauen sind in Rente gegangen und die neue Generation scheint im Burn-out persönlicher, gesellschaftlicher und ökonomischer Krisen zu versinken. Jenseits der verblassenden Erinnerungen an ein sagenhaftes Wirtschaftswachstum liegt Deutschland im Ranking der Gesundheitssysteme weit hinter Albanien. Im European Song Contest 2005 zeigten wir, was wir können – nix. Wir können eben nicht immer gewinnen. Gerade im Scheitern liegt die Chance für einen Neuanfang. Omega-Faulpelze haben das Jammertal verlassen und sich mit dem Wissen des gerade beginnenden Omega-Zeitalters auf den Weg gemacht. Mit dem Mut zum Risiko sind sie auch hier und da gescheitert – haben aber sehr viel daraus gelernt.

Scheitern als Chance begreifen

Die hohe Kunst des Scheiterns ist es, Hindernisse und Rückschläge im Leben unter einem neuen Blickwinkel zu betrachten und nicht resignativ in eine Angststarre zu verfallen. Angenommen, Sie haben einen Misserfolg erlebt – was ist die gute Nachricht oder die Botschaft dahinter, die Sie hören und verstehen sollten? Was will Ihnen der Misserfolg sagen oder worauf möchte er Sie hinweisen? Anstatt sich zu ärgern, dass es nicht geklappt hat, und so weiterzumachen wie bisher, könnten Sie sich auch die Frage stellen, wie Sie auf einen Rückschlag blicken müssten, um darin einen Erfolg zu erkennen. Es geht nicht darum, Fehler zu vermeiden, sondern darum, aus ihnen zu lernen. Jeder Misserfolg enthält bereits den Schlüssel für den Erfolg.

Fehler sind Ergebnisse, sonst nichts

Es gibt keine Fehler, sondern nur Ergebnisse. Bei allem, was wir tun, entstehen Resultate. Diese bewerten wir dann in unserem Gehirn nach unserem Verständnis, filtern sie durch unsere guten und schlechten Erfahrungen, und heraus kommen sie als Fehler oder Erfolge. Fehler, Probleme und Konflikte sind dabei Wachstumschancen und Entwicklungsindikatoren – wenn wir sie nur richtig verstehen. Scheitern wird bei uns immer noch als Karriereknick und Symptom von Verlierern angesehen. Der Alpha-Typ ist leider ein Perfektionist. Deshalb halten so viele fest an dem, was sie haben. Dahinter steckt Angst. Und Angst lähmt die Lebensenergie. Wenn die Feigheit gewinnt, verlieren die Chancen und die Kreativität. Wer nie scheitern will, ist verbissen und abhängig davon, was Dritte über ihn sagen. So sehen wir schon den erhobenen oder gesenkten Daumen der anderen. Die gute Lösung wäre, einfach mit dem Leben mitzugehen, ohne darauf zu achten, was andere davon halten, was wir tun. Und darauf zu vertrauen, dass es gut so ist und seinen Sinn hat. Wenn wir wieder Zugang zu unseren unermesslichen Ressourcen haben, brauchen wir nichts mehr festzuhalten. So können wir uns aus der von außen aufgestellten Anstrengungsfalle befreien. Mit dem Mut zu Fehlern, dem Mut zu scheitern haben wir mehr Möglichkeiten, uns wirklich auszuprobieren im Leben.

Binsenweisheit: Nur wer nichts tut, macht keine Fehler

Die Bereitschaft, Fehler zu machen und Rückschläge einzustecken, ist bereits eine Leistung. Wenn wir dies akzeptieren können, ist schon viel erreicht. Es ist eine Kunst, mit den Möglichkeiten zu spielen und bewusst einzukalkulieren, dass wir scheitern können. Denn was sollte schlimmstenfalls passieren? Machen Sie immer die Probe auf die Realität, wenn Sie vor einer Herausforderung stehen. Wenn etwas schiefgeht, hat das wirklich ernste Konsequenzen? Oder wollen Sie nicht vielmehr Ihr Gesicht wahren und bleiben deshalb lieber auf der vermeintlich sicheren Seite?

Übung:

Halten Sie kurz inne und überlegen Sie für sich: Angenommen, Sie könnten wählen zwischen „Es war umsonst, hat aber richtig viel Spaß gemacht" und „Es hat was gebracht, aber keinen Spaß gemacht", was würden Sie wählen?

Genau. Die noch bessere Lösung ist allerdings der dritte Weg – aus dem Möglichkeitsraum –, wenn es viel nützt und auch noch viel Spaß macht! Der kreative Faulpelz löst sich aus der Nützlichkeitsfalle und erreicht damit mehr.

Reflexionsfragen für Ihr *Tagebuch der Erfolgsgeheimnisse:*
- Was war mein größter Misserfolg?
- Was war die positive Absicht hinter dem Misserfolg?
- Worauf hat mich dieser Misserfolg hingewiesen?
- Welche Lehre konnte ich daraus ziehen?
- Was mache ich in Zukunft anders?

Der Weniger-ist-mehr-Erfolgs-Tipp vom Omega-Faulpelz: Scheitern Sie sich erfolgreich. Wir dürfen und wir müssen uns ausprobieren. Misserfolge sind Pflastersteine auf dem Erfolgsweg.

Gemeinsam spielen statt angestrengt arbeiten

Von einigen Menschen höre ich immer wieder, dass sich Kollegen krankgearbeitet haben. Kennen Sie eigentlich jemanden, der sich vor Lust und Spaß gesundgearbeitet hat? Rehabilitation am Arbeitsplatz? Für kreativ-intuitive Omega-Faulpelze kein Problem. Wäre es nicht wunderbar, wenn

Arbeit statt Plackerei ein entspannender Abenteuerspielplatz für Erwachsene wäre, bei dem wir uns mit Spaß, Lust, Neugier und kreativer Lebendigkeit dem Spiel widmen? Das Geheimnis des Erfolgs liegt für Mark Twain darin, sich in seiner Arbeit entspannen zu können.

Aus Spaß oder für Geld?

Mittlerweile gibt es immer mehr Outdoor-Seminare für Führungskräfte. Manager geben viel Geld dafür aus, mit einem Bagger in einem Kieswerk Schottersteinchen in einen Laster zu schaufeln. „Das ist eine Riesen-Gaudi“ – sagen die Teilnehmer. Böte man ihnen hierfür Geld, dann würde Zeitvertreib zur Arbeit und sie würden es ablehnen, so etwas zu tun. Andere Manager gehen in einen Box-Club und zahlen dafür, sich verprügeln zu lassen und möglicherweise ärztliche Behandlung in Anspruch nehmen zu müssen. Das nennt sich dann nicht Sado-Maso, sondern White-Collar-Boxing. Sagte man ihnen, dass es ihre Arbeit wäre, für andere den Prellbock zu spielen, würde die Quote der Bewerber deutlich geringer ausfallen.

Mit Begeisterung Neues erfahren

Es kommt also auf den Blickwinkel an. Wie immer. Macht es Spaß und bin ich also von innen heraus motiviert, oder mache ich es für Geld, das mich von außen motiviert? Mit der spielerischen Begeisterungsfähigkeit eines Kindes erschließt sich uns das Neue viel leichter. Es geht eben nicht darum, alles nach Arbeitsrichtlinien im ISO-Format auszurichten, wie es in den sicherheitshörigen Fehlervermeidungskulturen vieler Konzerne üblich ist. Wenn wir mehr spielen, wird alles leichter – die Arbeit, das Leben, die Liebe. Die Kraft der spontanen Entdeckung schafft mehr als der effizienzgetriebene Perfektionsdrang. Wir alle sehen die gleiche Kugel – doch aus unterschiedlicher Perspektive. Und auf diesen Blickwinkel kommt es an. Wir sehen die Dinge nicht, wie sie sind, sondern wie wir sind. Neuland zu entdecken setzt voraus, die Vielfalt der Sichtweisen wahrzunehmen und sich spielerisch neu zu verhalten.

Spielerisch lernen – mit Ratio und Intuition

Im Edutainment wird Lernen unterhaltsam und spielerisch dargeboten – mit dem Erfolg, dass wir mit Spaß spielend leicht lernen. Improvisation und Intuition sind gefragt. Erst dadurch können wir alte Gleise verlassen. Liegt nicht gerade im Spiel mit Neuem der Reiz? Auch im Business? In unserer kopflastigen Welt ist die Intuition, da nicht wissenschaftlich messbar, bisher kein gleichberechtigter Faktor der Erkenntnis. Der Wert der Intuition wird völlig unterschätzt. Was im wissenschaftlich-analytischen Vorgehen der Alpha-Zeit am meisten fehlt, ist gerade sein Gegenpol, die Zusammensetzung der Einzelteile zu einem neuen Ganzen – die Synthese. Diese Synthese ist der Weg zu ganzheitlichen Erfolgen. Erst durch die Integration beider Pole kann wirkliche Weiterentwicklung geschehen. Managementstrategien sind meist analytisch eindimensional auf Zahlen fokussiert. Erweitern Sie die Grenzen, indem Sie Ihr Herz und Ihre Intuition sprechen lassen. Das Spielen mit beiden Polen – Ratio und Intuition – birgt ungeahnte Möglichkeiten.

Wertschöpfung statt Wertschröpfung

Erfolg bedeutet nicht, dass Sie von 9 bis 20 Uhr angestrengt arbeiten. Erfolgreich sind Sie immer dann, wenn Sie Ihre kreativen Gedanken spielerisch einsetzen und zur richtigen Zeit das Richtige tun. Alles geht im Leben leichter, wenn wir spielerisch mit den Dingen umgehen. Und es macht auch noch Spaß!

Reflexionsfragen für Ihr *Tagebuch der Erfolgsgeheimnisse:*

- Würde ich meine Arbeit auch dann noch machen, wenn ich kein Geld dafür bekäme?
- Was kann ich stundenlang tun, ohne dass es mir langweilig wird?
- Was spiele ich am allerliebsten?
- Welches ist mein Standbein und welches mein Spielbein?
- Wie viel Spiel(t)raum gönne ich mir? Oder ist alles schon verplant?
- Wann, wo und wie bin ich am kreativsten?

Der Weniger-ist-mehr-Erfolgs-Tipp vom Omega-Faulpelz: Spielen Sie mit den Lebensmöglichkeiten und nehmen Sie nichts tödlich ernst.

Das neue Wir-Gefühl leben

Tanzen statt kämpfen

Unsere Beziehungsfähigkeit ist ein wichtiger Schlüssel zum Erfolgreich-Sein in der Omega-Zeit. Dies bedeutet, Arbeit nicht als Wettbewerb gegen andere zu begreifen, sondern als Spielplatz der Synergien zu entdecken. Und das geht nur *gemeinsam*. Beim gemeinsamen Spielen eröffnen sich mehr Möglichkeiten als beim eigenbrötlerischen Gegeneinanderarbeiten. Auf dem Weg zum anstrengungsfreien Erfolg kann verkrampfte Verbissenheit nur schaden. Einmal mehr gilt: Lassen Sie das Kämpfen sein, tanzen Sie lieber leicht und locker mit den sich bietenden Gelegenheiten. Streiten Sie auch nicht länger gegen sich selbst, sondern nehmen Sie sich an – mit Ihren Schwächen. Gegen sich selbst und andere anzukämpfen ist Energieverschwendung. In dem Moment, in dem Sie sich ehrlich annehmen und sich mögen, wie Sie nun mal sind – mit all den Fehlern, die Sie vermeintlich von Ihren Idealen entfernen –, rauben Sie sich selbst keine Energie mehr. Und dies ist eine Riesenlast, die Ihnen von den Schultern fallen wird. Wenn Sie liebevoll mit sich selbst umgehen und auf sich selbst zugehen, brauchen Sie auch in der Außenwelt nicht mehr zu kämpfen. Dann können Sie genauso offen auf andere zugehen.

Synergien statt Abgrenzung

In moderner Managementliteratur wird viel über das *Win-win-Prinzip* geschrieben. Alle Beteiligten sollen gewinnen. Doch entgegen den Value-Statements vieler Konzerne, Respekt und Verschiedenartigkeit (diversity) in den Vordergrund zu stellen, entscheiden immer noch Macht und Positionen, nicht jedoch Prinzipien oder Werte. Das bedeutet in der Praxis nach wie vor *Win-lose.* Das Gewinner-Verlierer-Verhältnis ist ein auf Macht basierendes instabiles Gleichgewicht. Irgendwann werden sich die schlechten Gefühle des Verlierers auswirken, zu Konflikten und zu einer Destabilisierung des Gleichgewichts führen. Erst wenn wir den Konflikt (auf-)lösen, kann sich eine neue und andere stabile Balance einstellen. Echter Erfolg des einen bedeutet eben nicht automatisch den Misserfolg des anderen. Lineares Schwarz-Weiß-Denken leugnet die Ganzheitlichkeit. Wir müssen vom Entweder-oder zum Sowohl-als-auch kommen. Dann kann Energie zwischen verschiedenen Polen fließen und das Leben wird dynamisch. Und genau das findet im Omega-Zeitalter statt. Wenn wir das Leben nicht als eine Arena des Wettstreits sehen, in dem der Stärkere gewinnt, sondern als ein kooperatives Feld gemeinsamen Wachstums, dann ist Platz für alle da. Alle gewinnen – und zwar *zusammen.*

Get connected – das Omega-Wir-Gefühl

Der Omega-Faulpelz ist auf der Wachstumsspirale des Erfolgreich-Seins eine Stufe höher in ein neues Reifekontinuum von Interdependenz und netzwerkartiger Verbundenheit gesprungen. Sein Wir-Gefühl ist stärker ausgeprägt als beim Ego-getriebenen Alpha-Manager, wie wir ihn aus den Konzernen kennen. Er lässt er sich auf Netzwerke ein, anstatt in Hierarchien gegen andere zu arbeiten. In diesem Inter-Netz ist er ein mediativer Brückenbauer, der Versöhnen statt Spalten in den Mittelpunkt stellt – stets mit dem Blick auf tragfähige Lösungen im Sinne des größtmöglichen Vielfachen und nicht des kleinsten gemeinsamen Nenners. Er weiß: Wenn wir miteinander voneinander lernen, haben wir Zugang zu kollektiven Ressourcen und potenzieren unsere Einzelfähigkeiten.

Die Wirkung morphogenetischer Felder

Aus der Quantenphysik wissen wir, dass es für die Verbindung zweier Punkte immer verschiedene „richtige“ Möglichkeiten gibt und nicht nur eine einzige. Für höhere biologische Systeme – und auch der Mensch ist ein solches –

hat der englische Biologe Rupert Sheldrake den Begriff der *morphogenetischen Felder* geprägt. In diesen Feldern wirkt die Hyperkommunikation als bedeutende Komponente der Informationsübertragung und Kooperation im Rahmen des Gruppenbewusstseins von höheren biologischen Systemen. Diese Kommunikation erfolgt über Räume hinweg und ist an keine Zeit gebunden. Zudem ist der Vorgang nicht linear-sequenziell messbar. Bei Fischen und Vögeln kennt man solche Vorgänge als Schwarmintelligenz. Kleine Fische ordnen sich beispielsweise instinktiv sinnvoll zu Schwärmen, sodass sie wie ein großer Fisch wirken. Intuition, Kreativität, Inspiration, das Denken in virtuellen Realitäten und Visualisierungen werden ebenfalls in Zusammenhang mit den morphogenetischen Feldern gebracht.

Beispiel: Sich erfolgreich treiben lassen

Der sehr gewissenhafte, ordentliche Karl Hunzinger wurde im Rahmen einer Restrukturierung seiner Abteilung in einer großen Krankenversicherung arbeitslos. Für ihn brach eine Welt zusammen. Seit dem Ausscheiden aus seinem Unternehmen läuft er mit traurig-ängstlicher Miene durch seine Wohnung. Als ST-Typ (vgl. S. 71 f.) analysiert er täglich seine Situation und macht sich Selbstvorwürfe. Mit knapp 44 Jahren hat er Angst, bereits zum alten Eisen zu zählen und keine neue Stelle mehr zu finden. Jeden Morgen steht er früh auf und schreibt täglich zehn Bewerbungen an mögliche Arbeitgeber aus der Region. Jeden Tag ruft er nach einem klar erarbeiteten Plan bei 20 Firmen an und erkundigt sich nach freien Positionen in genau dem Bereich, in dem er vor seiner Entlassung tätig war. Er geht davon aus, dass er es mit sehr viel Einsatz schaffen wird, wieder einen Job zu finden. Trotz angestrengter Bemühungen und dem täglichen Nachfragen auch bei der Bundesagentur für Arbeit hat er nach vier Monaten immer noch keine seinen Vorstellungen entsprechende Stelle gefunden.

Sein ehemaliger gleichaltriger Kollege Stefan Stickler aus derselben Abteilung geht ganz anders vor. Als intuitiv und werte-

geleitete Person (NF-Typ) nutzt er seit seiner Entlassung die freie Zeit, um sich in Ruhe darüber Klarheit zu verschaffen, was er eigentlich im Leben will. Dabei freut er sich riesig über die Möglichkeit, sich einfach neu orientieren zu können und diese freie Zeit auch noch mit 75 Prozent seines letzten Gehalts bezahlt zu bekommen. Gut gelaunt nutzt er die Zeit „in between jobs" für das Treffen mit interessanten Menschen und die Chancen zur Veränderung und Persönlichkeitsentwicklung. Er stellt seine Lebensvision auf und ist offen für Neues. Er ist davon überzeugt, dass ihn die richtige Stelle finden wird. Er klebt nicht an seinem alten Beruf und auch nicht an dem Ort, in dem er momentan lebt. Er lässt sich auf die neue Situation ein und kämpft nicht gegen bestehende Umstände an.
Auf einem Tag der offenen Tür der neuen Schule, in die seine Tochter gehen soll, kommt er mit dem Leiter einer Diabetes-Patientenvereinigung ins Gespräch. „Per Zufall" sucht dieser einen erfahrenen Spezialisten aus der Krankenversicherung, der sich als Mittelsmann zwischen Ärzteverbänden, Krankenkassen, Selbsthilfegruppen und den Ministerien mit neuen Motivationsprogrammen für chronisch Kranke beschäftigen soll. Eine solche Herausforderung würde Stefan Stickler sehr interessieren. Nach einigen weiteren Gesprächen kann Stefan Stickler glücklich in einen neuen Job starten.

Kosmisch verbunden, zapft der Omega-Faulpelz morphogenetische Felder an und nutzt diese kreativ für eigene Projekte. Im Omega-Zeitalter geht es nicht um Isolieren und Separieren, sondern um Integrieren und Synthetisieren – um das Schaffen von Synergien. Das bedeutet Win-win. Und das macht Spaß – wie das Surfen!

Berührt statt abgestumpft

Omega-Faulpelze besinnen sich auf das, was überhaupt Sinn hat, fragen sich, wie wir Sinn-voll mit unserem Leben umgehen können. Ihnen sind die gesellschaftlich angebotenen Projektions- und Tragflächen für das Streben nach Selbstverwirklichung zu dünn. Shareholder-Value, Economic Value

Add (EVA) und Balanced Scorecard (BSC) genügen nicht ihrer Vorstellung von einem erfolgreichen und erfüllten Leben. Sie arbeiten nicht nur mit dem Kopf, der bei vielen Menschen heutzutage übergroß ist, sondern haben ein gutes Körpergefühl und eine innere Anbindung an die emotionalen Kanäle der Seele. Es geht eben nur zusammen: head and body, body and soul. Im Omega-Zeitalter entsteht ein neues Bewusstsein, verbunden mit der Welt zu sein und in Resonanz mit anderen gehen zu können. Beziehungsfähigkeit ist wichtiger als Eitelkeiten. Und das setzt eine andere Form von Kommunikation, von Unternehmens- und Gesellschaftskultur voraus. Eine Kommunikation, die weit mehr ist, als was uns über Kommunikation beigebracht und antrainiert wurde, die mit Präsenz und einem wertschätzenden Zuhören beginnt. Von Respekt, Achtung und Wertschätzung getragen, tritt ein Omega-Faulpelz mit anderen in Kontakt und pflegt die unterschiedlichen Facetten einer Beziehung.

Für kreativ-intuitive Omega-Faulpelze werden sich jenseits der Effizienzmaschinerie in den Konzernen von heute morgen neue Lebens- und Arbeitskontexte ergeben, in denen der Community-Gedanke im Vordergrund stehen wird. Join the Community!

Reflexionsfragen für Ihr *Tagebuch der Erfolgsgeheimnisse:*

- Wenn ich an einen aktuellen Konflikt denke und mich in meinen Kontrahenten hineinversetze: Was spüre ich dann?
- Was bedeutet für mich Win-win?
- Welche neue Aufgabe könnte ich im Netzwerk mit anderen besser lösen?

Der Weniger-ist-mehr-Erfolgs-Tipp vom Omega-Faulpelz: Stellen Sie Ihre Uhren um auf Omega-Zeit und leben und netzwerken Sie erfolgreich los!

Kontakt

Während Sie dieses Buch gelesen haben, sind wir ein Stück Ihres Lebensweges zusammen gegangen. Gern begleite ich Sie auch weiterhin persönlich, wenn Sie das möchten. Da ich überzeugt bin, dass Netzwerke im Sinne eines neuen Community-Gedankens die Zukunft sind, wäre es spannend, in Verbindung zu bleiben. Wenn Sie mehr über die Instrumente ARP und GPOP©, Methoden, Seminare oder Workshops wissen möchten, schreiben Sie mir bitte einfach eine E-Mail. Natürlich freue ich mich auch auf jede Art von Feedback und Anregungen unter jps@frequenzwechsel.de. Im Omega-Zeitalter bin ich nur einen Mausklick von Ihnen entfernt.

Ihr Jörg-Peter Schröder

Über den Autor

Mit internationaler Führungserfahrung in renommierten Konzernen hat sich Dr. Jörg-Peter Schröder als Katalysator von Veränderungsprozessen, visionärer Moderator und enthusiastischer Querdenker im Gesundheitsmanagement einen Namen gemacht. Seit vielen Jahren ist der Arzt und Coach auf den Gebieten systemischer Prozesse, Kommunikation und Führung mit dem Ziel authentischer Persönlichkeitsentwicklung erfolgreich tätig. Er begleitet Unternehmen, Organisationen und Individuen auf den Gebieten Change, Unternehmensgesundheit, Persönlichkeitsentwicklung und kommunikative Prozessarbeit. Als Ent-Wicklungskünstler und Bewusstseinsanspitzer moderiert er Tagungen und Kongresse und hält internationale Seminare, Workshops und Vorträge zu den Themen:

- Authentische Persönlichkeitsentwicklung
- Work-Life-Integration
- Fit for Leadership
- Persönlicher Turnaround und Neuanfang für Best-Ager (45+)
- Re-Balancing, Stressbewältigung und Gesundheitsförderung
- Unternehmensgesundheit und Change-Management
- Lebendiges Selbst- und Projektmanagement
- Focusing und kommunikative Prozessarbeit
- Gelenkte Imagination, integrative Entspannung und Meditation

Seit seiner Jugend beschäftigt er sich mit ostasiatischer Kampfkunst und Meditation. Gemeinsam mit Partnern begleitet er Menschen und Unternehmen nach einem integralen Konzept für wertschöpfungsorientierte Persönlichkeitsentwicklung.

Dr. Jörg-Peter Schröder
Authentische Persönlichkeitsentwicklung
und Unternehmensgesundheit
Im Gehren 37
55257 Budenheim
jps@frequenzwechsel.de www.frequenzwechsel.de

Zum Quer- und Weiterlesen – Literaturempfehlungen

Bents, Richard / Blank, Reiner: *Typisch Mensch.* Beltz Test, Göttingen, 1995.

Deshimaru-Roshi, Taisen: *ZEN in den Kampfkünsten Japans.* Werner Kristkeitz Verlag, 1994.

Fischer, Theo: *Wu Wei.* Rowohlt, Reinbek, 1997.

Gendlin, Eugene, T.: *Focusing – Selbsthilfe bei der Lösung persönlicher Probleme.* Rowohlt, Reinbek, 2002.

Hanh, Thich Nhat: *Das Wunder der Achtsamkeit.* Theseus, Berlin, 1990.

Hoff, Benjamin: *Pu der Bär, Ferkel und die Tugend des Nichts-Tuns.* dtv, München, 1999.

Hohensee, Thomas: *Das Erfolgsbuch für Faule.* Kösel, München, 2002.

Khema, Ayya: *Nicht so viel denken, mehr lieben.* Hoffmann und Campe, Hamburg, 1998.

Klemens, Tilmann: *Einführung zur Meditation.* Benzinger, Einsiedeln, 1981.

Matthews, Andrew: *So geht's Dir gut.* VAK, Kirchzarten, 2004.

Meyer, Axel: *Kosmologie des Augenblicks.* Taoasis, Lemgo, 1986.

Noll, Peter / Bachmann, Hans Rudolf: *Der kleine Macchiavelli.* Piper, München / Zürich, 1995.

Scheithauer, Falk / Friedrich, Andreas W. / Rehle, Eva: *Die Lebensenergie stärken mit Qi Gong.* Südwest, München, 2000.

Schröder, Jörg-Peter: *Machen Sie doch, was Sie wollen.* Gabal, Offenbach, 2003.

Schröder, Jörg-Peter / Blank, Reiner: *Stressmanagement.* Cornelsen, Düsseldorf, 2004.

Schröder, Jörg-Peter / Diekow, Siegfried: *Wie man Projekte zum Erfolg führt.* Cornelsen, Düsseldorf, 2006.

Schröder, Jörg-Peter: *Selbstmanagement.* Gabal, Offenbach, 2005.

Stork, Edith: *Tatort Büro.* Beltz, Weinheim, 2004.

Webster-Doyle, Terrence: *Karate – Die Kunst der leeren Hand.* Werner Kristkeitz Verlag, 1992.

Weiser Cornell, Ann: *Focusing – Der Stimme des Körpers folgen.* Rohwolt, Reinbek, 2002.

Zelinski, Ernie J.: *Die Kunst, mühelos zu leben.* DTV, München, 2002.

Stichwortverzeichnis

GABAL® Netzwerk Lernen

Gesellschaft zur Förderung
Anwendungsorientierter
Betriebswirtschaft und
Aktiver
Lehrmethoden in Hochschule und Praxis e.V.

Was wir Ihnen bieten

- Kontakte zu Unternehmen, Multiplikatoren und Kollegen in Ihrer Region und im GABAL-Netzwerk
- Aktive Mitarbeit an Projekten und Arbeitskreisen
- Mitgliederzeitschrift *impulse*
- Freiabo der Zeitschrift wirtschaft & weiterbildung
- Jährlicher Buchgutschein
- Teilnahme an Veranstaltungen der GABAL und deren Kooperationspartner zu Mitgliederkonditionen

Unsere Ziele

Wir vermitteln **Methoden und Werkzeuge**, um mit Veränderungen kompetent Schritt halten zu können und dabei unternehmerische und persönliche Erfolge zu erzielen. Wir informieren über den aktuellen Stand **anwendungsorientierter Betriebswirtschaft**, fortschrittlichen Managements und menschen- und werteorientierten Führungsverhaltens. Wir gewähren jungen Menschen in Schule, Hochschule und beruflichen Startpositionen **Lebenserfolgshilfen**.

Klicken Sie sich in unser Netzwerk ein!

mailen Sie uns:

info@gabal.de

oder rufen Sie uns an:

06132/50 95 90

Besuchen Sie uns im Internet:

www.gabal.de